수학
언어로
문화재를
읽다

수학
언어로
문화재를
읽다

ⓒ 오혜정, 2017

초　판 5쇄 발행일 2020년 4월 16일
개정판 2쇄 발행일 2023년 1월 17일

지은이 오혜정　　**감　수** 배수경
펴낸이 김지영　　**펴낸곳** 지브레인^{Gbrain}
편　집 김현주
제작 · 관리 김동영　　**마케팅** 조명구

출판등록 2001년 7월 3일 제2005-000022호
주소 04021 서울시 마포구 월드컵로 7길 88 2층
전화 (02)2648-7224　**팩스** (02)2654-7696

ISBN 978-89-5979-667-0(03410)

수학
언어로
문화재를
읽다

오혜정 지음

지브레인

수학은 대체 어디에 꼭꼭 숨은 걸까? 학생들은 교사인 나에게 숨은 수학을 빨리 찾아내라고 아우성인데 그걸 찾는 게 좀처럼 쉽지 않다. 어디 학생들로부터 만일까? 학교로부터도 교과 융합과 이를 반영한 창의적인 교육과정 재구성을 끊임없이 요구받는 이 현실. 도대체 이런 현실을 뚫고 나갈 시원한 돌파구는 어디에 있을까?

이런 시간의 한 가운데 떡하니 이 책을 만났다. 우리를 둘러싼 갖가지 건축물과 문화유산에 꼭꼭 숨은 수학을 어찌나 맛갈나게 찾아 놓았던지 같은 수학교사이지만 읽는 내내 감탄을 금치 못했다. 이 책의 모든 장소를 다 가 보진 못했지만 가 본 곳은 가본대로, 가보지 못 한 곳은 그렇기 때문에 꼭 가보고 싶어진다.

아는 만큼 보인다고 했던가! 지금까지는 그저 우주선 같은 희한한 건축물이기만 했던 동대문 디자인 플라자가 함수 백화점처럼 보이기 시작했다. 우리의 기쁘고 슬픈 역사로 짱짱히 버티고 있는 경복궁은 신비로운 수와 오밀조밀한 기하의 집합체로 보여 신기하기 짝이 없다. 수원 화성에 이르면 이 건축물이 세계적으로 유명한 문화유산이 되는데 있어서 수학이 얼마나 지대한 공을 세웠는지 느끼고 수학의 유용성에 대해 고개를 끄덕이지 않을 수 없게 된다.

이 책이 우리에게 주는 또 하나의 선물은 해설사 없이도 혼자 즐길 수 있는 가이드 역할을 한다는 점이다. 수학교사로서 수학동아리 학생들을 데리고 수학 체험학습을 나갈 때면 항상 수학해설사의 역할을 직접 하지 않고서는 활동의 진행이 어려웠다. 게다가 내가 만든 학습지는 실제로 체험학습을 나가서 사용할라치면 잘 맞지 않는 기성복 같아 뭔가 조금 불편했다.

그런데, 이 책은 필자가 직접 발로 뛰고 여러 자료를 통해 얻은 깊이 있는 내용들을 풍부하게 담고는 있지만 교사가 학생을 데리고 활동을 나갔을 때 바로 사용해도 손색이 없는 학습지처럼 알차고 간결하게 서술되어 있다. 교사가 아닌 그 누구라도 이 책 한 권만 손에 들고 그 장소를 방문하면 다른 어떤 검색은 필요치 않을 뿐더러 곧바로 그 장소가 가진 수학적 매력에 풍당 빠지게 될 것이다.

이제 우리 학생들에게도 이 책 한 권이면 함께 지도박물관이며 월드컵경기장 등을 누비고 다니자고 꼬실 수 있을 것 같다. 수학을 왜 배우냐고 묻는 학생들에게 구구절절한 대답 대신 이 책과 함께 떠나는 수학 산책을 권하는 멋진 수학샘이 되고 싶으니까.

일산 안곡 중학교 선생님 배수경

작가의 말

수학처럼 많은 오해를 받는 것이 또 있을까? 대부분의 사람들이 중고등학생 시절 편협한 방법의 수학적 경험에 과다 노출된 탓이다. 입시를 앞에 두고 교과서적 문제풀이 위주의 수학적 경험을 통해 습득한 문제풀이 기술로 정확히 한 가지 답을, 그것도 최대한 빠른 속도로 찾아내는 것이 수학을 하는 것이라 생각하는 사람들이 많으니 말이다.

수학교사로서 이 책을 쓰고픈 생각은 이런 분위기에서 출발했다. 또 다른 모습의 수학적 경험을 하게 할 방법은 없을까? 교과서 속 수학과 교과서 밖 수학을 연결시켜보는 것은 어떨까? 수학은 우리의 생활과 분리된 교과서 속 창작물이 아닌, 흙과 더불어 땅속에 깊숙이 파묻혀 있는 나무뿌리마냥 생활 곳곳에 단단히 뿌리 내린 채 공존하고 있지 않은가. 때문에 생활과 분리시켜 수학을 이해하는 것이 적절할까? 그렇다면 생활 속에 녹아 있는 수학을 이해할 필요가 있지 않을까?

그 방법을 찾기 위해 참 많은 곳을 다녔다. 박물관, 놀이공원, 역사유적지, 유명 건축물, 민속촌, 운동경기장 등등. 수학적 개념이 학교 안팎에서 생활 경험과 연결되면, 수학이 유용함을 피부로 느끼는 것은 물론, 실제 생활에 자신이 알고 있는 수학을 적용해보려는 연습을 거듭하며 어느 순간 자신도 모르게 혜안을 갖게 되지 않을까 하는 기대를 가슴 깊숙이 묻어 놓은 채 말이다.

걷고, 보고, 느끼고, 듣고, 무언가를 만들며 가슴 깊숙이 묻혀 있던 기대가 서서히 고개를 들기 시작했다. 곳곳에서 발견한 수학은 과학Science, 기술Technology, 공학Engineering, 예술Arts 등과 융합된 채 한 자리를 떡하니 차지하고 있었기 때문이다. 하여 생활 속에서 수학을 해석하려 하면 이들과 함께 융합된 상태로 해석할 수밖에 없었다. 이것은 곧 인위적으로 융합적 사고를 하도록 강요하는 것이 아닌, 생활 속 수학을 접하는 과정 자체가 바로 융합적 상황에 노출되어 자연스럽게 융합적 사고를 할 수밖에 없다는 것을 의미한다. 그야말로 도랑 치고 가재 잡고, 마당 쓸고 동전 줍는 격이 아닌가.

몇 년 전부터 수학교육의 현장에서도 '생각하는 힘을 키우는 수학', '쉽게 이해하고 재미있게 배우는 수학', '더불어 함께하는 수학'을 경험시키고자 하는 방향으로 조금씩 변화를 시도하고 있다. 또 급속히 융합과학기술에 대한 관심이 높아지면서 융합인재교육을 위한 교수학습에 대한 관심도 고조되고 있다.

지식 위주의 수업에서 잠시 벗어나 수학적 언어로 우리의 생활을 보고, 느끼고, 해석하고, 표현하는 수학+과학+기술+공학+예술 융합투어! 이것이야말로 수학교사 입장에서 이 모든 것을 고려하여 선택할 수 있는 최선의 교수학습 방법이 아닐는지. 생활 속에 스며들어 있는 다양한 맥락 속 통합적 지식을 탐색하는 과정에서 아이들은 학교에서 학습하는 내용이 실생활 문제를 해결할 때 매우 유용하다는 것을 알게 될 것이다.

임웅 교수에 따르면 창의성은 전문가가 되어야 발현된다. 세상은 아는 만큼 보이기에, 그 보이는 것을 넘어서는 창의적인 사고를 하기 위해서는 전문가 수준의 능력이 필요하다는 것이다. 노벨상 수상자들이며 많은 사람들이 인정하는 창의적인 아이디어를 가진 인물들의 공통점은 모두 전문가 이상의 능력을 갖추고 있지 않은가. 때문에 창의성이 10년 이상의 긴 시간 동안 축적된 많은 노력의 결과물로서 발현될 수 있으므로 이를 위해 학교에서는 우선 학생이 배움에 흥미를 갖게 하고 가치있는 것을 찾도록 도와야 한다고 주장하고 있다. 학생이 배움에 흥미를 느끼게 하고 가치있는 것을 찾도록 돕는 일! 이 일에 일조할 수 있는 것이 바로 수학+과학+기술+공학+예술 융합투어가 아닐까 한다. 학생이 더 이상 수학을 포기하지 않고 흥미롭게 수학을 배우도록 하는 좋은 방안이 될 것이다. 10년 뒤, 융합적 사고에 창의성까지 겸비한 수퍼융합인재들이 우리 사회를 이끌어가는 모습을 기대해 본다.

오혜정

contents

지혜로 **한옥**을 짓다   53

고분과 석탑에서 **백제**의 미를 엿보다!   83

디자인에 의한, 디자인을 위한, 디자인의 공간, DDP!　　121

과학적 사고로 지은 수원 화성은 철옹성!　　147

 측량과 지도 정보가 한자리에 모인
지도박물관　　　　　　　　　173

세계의 가장 아름다운 10대 경기장
상암 월드컵경기장　　　　　205

경복궁의 품격에서
도형과 수를 만나다!

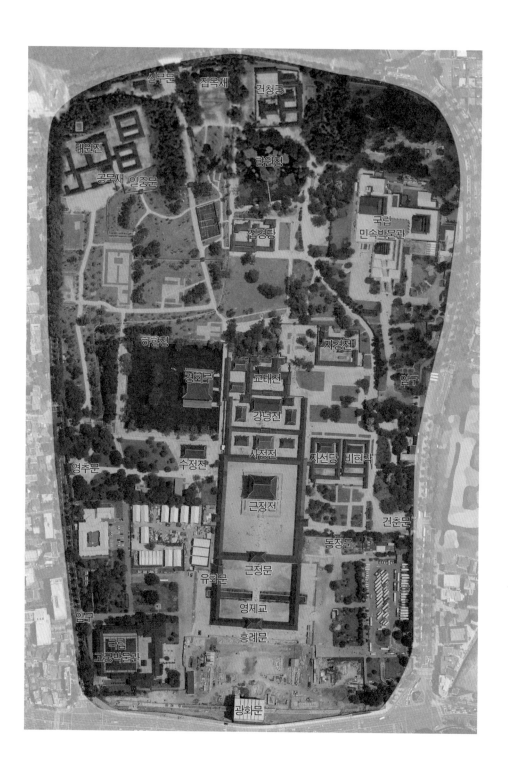

신무문　집옥재　건청궁

태원전
□□□

공묵재　일중문

항원정

집경당

국립
민속박물관

향향정

자경전

경회루　고태전

입구

강녕전

영추문　수정전　사정전　자선당　비현각

근정전

건춘문

동정문

유화문　근정문

입구

영제교

국립
고궁박물관

흥례문

광화문

경복궁 전경

　잠시 복작복작 소란스러운 도시의 소음을 뒤로하고 조선왕조 500년의 역사가 온전히 깃들어 있는 곳을 여행하고자 한다면? 아마 고궁만한 곳이 없을 것이다. 그중에서도 시련을 이겨내고 우뚝 선 조선 제일의 궁궐인 경복궁이라면 더할 나위 없지 않을까?

　북악산과 인왕산 아래 자리 잡은 경복궁^{景福宮}은 조선 건국 초 개성에서 한양으로 도읍을 옮기면서 지어진 조선 최초의 궁궐이다. 사실 궁궐은 '궁^宮'과 '궐^闕'을 합한 말이다. '궁'은 임금과 신하들이 나랏일을 보고, 임금과 그 가족들이 생활하는 공간을 말하고, '궐'은 궁을 지키기 위해 에워싸고 있는 담장과 망루, 출입문 등을 말한다. 하지만 안타깝게도 현재는 '궐'의 흔적을 볼 수 있는 곳이 유일하게 한 곳만 남아 있다. 경복궁의 정문인 광화문을 바라보고 섰을 때 오른쪽에 보이는 동십자각^{東十字閣}이 바로 그곳이다.

　조선의 으뜸가는 궁궐이라 하여 법궁이라고도 불리는 경복궁! 하지만 경복궁은 조선왕조 500여 년 동안 법궁의 역할을 제대로 하지 못했다. 임진왜란 때 모두 불타 스러지고 일제강점기에는 대부분의 건물이 강제 철거되는 등 숱한 시련을 겪었다. 다행스럽게도 1960년대 말부터 시작된 복원사업으로 서서히 원래의 모습을 찾아가고 있으며 2010년에는 위엄 있고 웅장해 보이는 광화문이 그 모습을 드러냈다. 2015년 5월에는 약 100년 만에 임금의 수라와 궁중 잔치음식을 준비하던 곳인 소주방이 문을 열었고 지금도 완전한 모습을 되찾기 위한 경복궁 복원 작업은 진행 중에 있다.

조선왕조의 숨결을 느끼며 경복궁을 돌다 보면 '품격 있는 건물이란 바로 이런 것이군!'이라는 생각이 자연스럽게 자리할 것이다. 왕이 생활하던 곳답게 위엄과 기품이 느껴지는 것은 기본이며 우리나라 대표 궁궐로서 웅장한 규모와 수려한 건축미를 뽐내면서도, 어딘가 모르게 과하지 않은 검소함과 친숙함이 느껴지기도 한다.

이 궁궐을 설계한 이는 TV 사극에서 자주 등장하는 인물 중 조선왕조의 설계자이자 오늘날 개혁의 아이콘으로 불리는 정도전이다. 조선 최초의 궁궐이 들어설 지리적 입지를 정하고 '경복'이라 이름을 짓기도 했다. 그는 혁명이라는 힘든 과정을 통해 새롭게 건국한 조선이 '큰 복을 누리기'를 기원하며 이 건물의 이름을 지었다.

500여 년 전, 정도전은 어떤 생각을 하면서 경복궁을 설계했을까? 정도전에게는 조선을 건국하자마자 궁궐을 건축하는 일은 단순한 건축물을 짓는 것이 아니었을 것이다. 법궁을 짓는 일이니 당시의 사회와 시대상을 대표하는 사상을 담아야 하는 것은 물론, 나라의 국력을 드러내고, 당대 최고의 문화기술의 집약체임을 보여주고자 했을 것이다. 나아가 궁궐 자체만으로 신하와 백성들의 정신적 지주가 될 수 있도록 하는 것도 중요한 고려 사항이었을 것이다.

때문에 이런 모든 것들을 담아 품격의 건물로 탄생한 경복궁을 돌아보며 그 속에 담긴 수학적인 면모(수와 도형)를 살펴보고, 선조들의 혜안을 눈으로 확인하는 일은 참으로 의미있어 보인다. 물론 당시의 사상과 문화, 기술의 집약체인 건축물을 어떤 한 가지 기준으로 살펴보는 것은 다소 어리석은 일일 수도 있다. 그러나 구조물을 세울 때 도형과 수는 각 건물의 배치나 형태, 크기에 영향을 주고 있어 경복궁을 이해하기 위한 첫걸음을 떼는 데는 도움이 될 것이다. 고래로부터 사상이나 문화적 정서를 표현하는데 종종 특정 도형과 수들에 상징성을 부여해 왔던 이유도 있다. 경복궁을 건축할 당시에도 분명 이런 측면이 적용되었을 것이다.

그럼 지금부터 다소 단편적인 방법이긴 하지만 경복궁 내의 여러 건물의 배치 및 구조에 특정 도형과 수들이 어떻게 적용되었는지 살펴보기로 하자.

일직선 축을 따라 주요 건물을 배치하다!

두둥! 정문인 광화문이 먼저 보인다. 궁궐의 정문답게 웅장한 규모를 배경삼아 금방이라도 하늘로 날아갈 듯한 지붕의 모습은 위풍당당해 보이는 궁의 주인장이 한껏 두 팔을 벌리고 어서오십시오! 라고 격하게 반겨주는 듯하다.

정문을 통과하면 당시의 일반 양반 집들처럼 주 건물이 있는 것이 아닌 너른 마당과 맞은편에 또 다른 커다란 문이 보인다. 여기저기에 한복을 입은 사람들이 많아 마치 조선시대로 시간여행온 듯한 기분이 들지도 모른다.

우선, 마당의 오른편에 있는 안내소에서 안내도를 구하여 돌아볼 경복궁의 건물 배치도를 살펴보기로 하자. 경복궁 전체 배치도에서도 몇 가지 독특한 특징을 찾을 수 있다.

가장 먼저 눈에 띄는 것은 3개의 문을 통과한 후 만날 주요 건물들이 남북방향의 중심 축선을 따라 일렬로 배치되어 있다는 것이다. 심지어 궁궐 후원에 세워진 향원정도 광화문에서부터 이어온 중심축을 따라 배치할 정도로 이 축은 궁궐 전체의 배치를 통제하고 있다. 그 외 다른 건물들은 그 좌우에 자리한다.

광화문 ⇨ 흥례문 ⇨ 근정문 ⇨ 근정전 ⇨ 사정전 ⇨ 강녕전 ⇨ 교태전

중심 축선은 흡사 사람 몸의 척추라도 되는 양, 중심뼈대를 이루며 좌우 균형을 맞춘 듯한 모습이다. 중심축선의 동편은 세자의 영역인 동궁과 종친들의 영역이고 서편에는 경회루, 집현전 등 왕과 왕실을 보좌하는 궐내 관청들이 배치되어 있다.

눈에 띄는 두 번째 특징으로는 대부분의 건물들이 남쪽을 향하고 있다는 것이다. 이 때문일까? 각 건물의 중심축이 전체의 중심축과 평행하게 놓여 있는 듯하다. 세 번째 특징으로는 건물들과 각 건물을 둘러싸고 있는 영역들이 네모반듯한 형태로 되어 있다는 것도 금방 알아챌 수 있다.

그런데 왕이 생활하는 공간으로서 당시 최고의 존엄을 드러내야 하는 곳이긴 하지만 동선이나 공간 활용이 다소 어려울 수 있는 이런 배치를 택한 이유는 무엇일까?

이 질문에 답변하기 위해서는 누가 경복궁을 설계했는지가 중요한 열쇠가 될 것이다. 어떤 방향으로든 설계자의 생각이 반영되었을 것이기 때문이다. 경복궁을 설계한 사람은 건축가가 아닌 성리학자이면서 정치가인 정도전이다. 정도전이 경복궁을 설계할 때 참고한 것은 동아시아 궁궐 건축의 구성 원리를 제시한 지침이 들어 있는 《주례》라는 책이다. 《주례》는 이상적 국가 관계와 예학을 다룬 중국 최고의 고전이다.

이것으로 보아, 일반적으로 건축가들이 설계과정에서 건축적인 요소에 초점을 맞추는 것과 달리, 경복궁의 설계과정에서는 당시 사회의 중심사상과 문화가 더 고려되었던 것으로 여겨진다.

중심축을 따라 주요 건물을 배치한 것은 이 책에서 제시한 지침에 따른 것이었다. 하지만 일직선의 축을 따라 주요 건물을 배치하고 전체적인 건물 배치에서 좌우 대칭이 두드러지게 나타나는 특징은 중국과 우리나라의 궁궐 건축뿐만 아니라 동서양 공통 특징으로서, 권위를 드러내야 하는 건물을 구성할 때 이용되었다.

건물들의 배치에 적용된 홀수!

이제 안내도에서 눈을 떼고 두 번째 문인 흥례문을 향해 발길을 돌려보자. 흥례문의 지붕도 광화문을 통과해 들어오는 사람들을 두 팔 벌려 반갑게 맞이해주는 듯한 모습이다.

경복궁의 주요 건물은 광화문을 거쳐 흥례문, 근정문까지 3개의 문을 통과한 후에야 볼 수 있다. 경복궁이 **3문3조**^{3門3朝}의 원칙에 따라 세워졌기 때문이다. 3문 3조란 궁궐 영역을 3개 영역(3조)으로 구분하고, 각 영역을 출입하는 문이 각각 하나씩 모두 3개의 문(3문)이 있는 것을 의미한다. 경복궁에서는 고문(광화문), 치문(근정문), 노문(향오문)의 3문을 외조, 치조, 연조의 3조 앞에 각각 배치했다.

실제로 《주례》에 제시된 지침에는 5개의 문 고문^{皐門}(궁궐정문)-고문^{庫門}-치문^{雉門}-응문^{應門}-노문^{路門}을 일직선으로 배치하도록 되어 있지만, 경복궁의 삼문은 오문 중 핵심 3개의 문, 즉 고문(궁궐정문)-치문-노문을 배치해 놓은 것이다. 5문일 경우에는 핵심 3개의 문을 제외한 2개의 문은 중간문이라고 할 수 있다.

3문3조의 첫 번째 문인 '고문(광화문)'은 궁궐의 정문이자 신하들의 집무 공간인 '외조'의 출입문이다. 두 번째 영역인 '치조'는 왕이 국정을 수행하는 정전과 편전을 포함한 공간으로 두 번째 문인 '치문(근정문)'으로 주로 출입했다. 세 번째 영역인 '연조'는 왕과 왕실의 침전과 생활공간으로 강녕전과 교태전, 대비의 생활 공간인 자경전 일원이 여기에 포함되며, '노문(향오문)'으로 출입했다.

북	교태전	
↑	양의문	**연조**燕朝–왕과 왕비, 왕실 일족의 생활공간
	강녕전	
	향오문-노문路門	
	사정전(편전)	
	사정문	**치조**治朝–왕이 신하들과 더불어 정치를 행하는 공공 구역
	근정전	
	근정문-치문雉門	
		외조外朝–조정 관료들의 집무 공간
	홍례문	
		군사가 머무르는 곳
남	**광화문-고문**皐門	

5문3조와 3문3조! 사실 《주례》의 이 지침은 **두 수 5, 3과 관련**이 있다. 많은 수 중에서도 하필 이 5와 3을 관련시킨 이유는 무엇일까?

땅속에서 흙과 나무 뿌리가 서로 얽혀 있는 것처럼 수 또한 우리의 생활과 밀접하게 얽혀 있어 떼려야 뗄 수 없는 삶의 중요한 요소 중 하나이다. 때문에 단순히 물건을 사면서 계산을 하고 시간과 날짜를 나타내는 것으로만 수를 사용하는 것이 아닌, 7은 행운의 수라는 등 종종 특별한 의미를 부여하여 사용하기도 한다.

고대부터 우리나라 사람들은 인간이 천지자연의 법칙을 체득하게 되면 천지와 지위를 나란히 할 수 있으며, 인간이 천지자연의 원리와 법칙을 스스로 사용할 수 있다고 믿었다. 이를 위해 우주의 원리에 여러 수들을 대응시켰다. 이를테면 음양사상에 따라 짝수를 음수, 홀수를 양수로 구분하고 특별하게 홀수 1, 3, 5, 7, 9를 즐겨 사용해왔다.

대표적인 예로 홀수가 겹치는 날인 1월 1일(설날), 3월 3일(삼짇날), 5월 5일(단오), 7월 7일(칠석), 9월 9일(중양절)은 기운이 꽉 찬 날, 생명이 충만한 날로 여겼다. 사람이 죽었을 때 저 세상에 가는 마지막 양의 날이므로 3일장, 5일장, 7일장으로 장사날 수를 정하는가 하면 제사를 지낼 때 죽은 사람은 음의 세계이므로 남자는 2번, 여자는 음이 겹치므로 4번 절을 하도록 정한 것도 음양사상에 기인한 것이다.

홀수들 중 특히 '3'은 동양의 수리철학에서 균형과 조화, 완전성을 갖춘 수로 천·지·인의 삼재를 의미하는가 하면, 처음과 중간, 끝을 모두 포함하여 전체를 나타내는 의미로도 받아들였다. 또 음양오행에서 각각 양과 음을 나타내는 1과 2를 더해서 만들어지는 3은 양과 음이 만나 세상의 이치를 만드는 의미를 가지고 있는 것으로도 생각했다. 때문에 3은 심리적으로 안정감을 안겨준다.

동서양을 막론하고 3은 최소단위를 의미하기도 한다. 카메라 삼발이나 탁자 다리나 자동차 바퀴 등은 균형을 유지하는 데 최소 3개가 필요하다. 이에 비해 홀수 '5'는 1에서 9까지의 수 중 정중앙에 위치해 중심과 조화, 균형을 의미하는 수로 받아들였다.

경복궁의 중심축에 위치한 근정전, 사정전, 강녕전 영역을 이루고 있는 건물의 수에도 홀수가 적용되었다. 근정전은 1개의 단일 건물로 구성되어 있는 반면, 사정전은 3개의 건물, 강녕전은 5개의 건물로 구성하여 1 → 3 → 5의 수의 질서에 따라 건물들이 배되어 있다. 이는 안내도를 보면 바로 확인할 수 있다.

곳곳에서 홀수를 만나다!

특히 숫자 3은 광화문
과 흥례문, 근정문을 비롯
해 경복궁의 곳곳에서 만
나볼 수 있다.

정문인 광화문은 3개의
홍예문(상부를 무지개처럼 둥
글게 만든 문)으로 되어 있
으며, 홍예를 받치고 있는
기단 또한 3단으로 되어
있다. 그리고 조선의 5대
궁궐 중 유일하게 돌로 홍
예를 쌓아 만들었다. 이에
반해 다른 궁궐의 정문들
은 3개의 직사각형 나무
문으로 되어 있다.

광화문을 통과한 후 두
번째, 세 번째로 통과하는
흥례문과 근정문 또한 3개
의 직사각형 나무문으로
이루어져 있다.

왕이 출입하는 문과 신
하들이 출입하는 문을 구
분하기 위해서라면 2개
의 문을 만드는 것만으

광화문

흥례문

근정문

로 충분함에도 굳이 3개의 문을 만든 것은 홀수 3을 구현하기 위함이라고 볼 수 있다.

월대 위에 오르면 월대 위에 있는 큰 청동 항아리에서도 홀수 '3'을 발견할 수 있다. '정(鼎)'이라 불리는 이 항아리는 왕권을 상징하는 물건으로 향로가 아니다. 정의 세 다리는 임금과 신하, 백성을 상징하는 것으로 서로를 지지하고 조화를 이루며 안정감있게 서 있게 하는 역할을 하고 있다. 다리가 2개로 되어 있다면 안정감이 느껴지지 않을 것이다. 또 다리가 4개로 되어 있으면 안정감 있게 보이지만 항아리 몸체나 무게에 비해 좀 과하다는 생각이 들게 된다. 하지만 정의 세 다리는 '한 직선

정

위에 있지 않은 서로 다른 세 점이 한 평면을 결정'하는 원리에 맞게 균형감을 유지하며 안정적으로 서 있다.

한편 홀수 '3'은 특별한 의미를 부여하지 않아도 될 것만 같은 소소한 곳에도 적용되어 있다. 근정전 월대의 난간 기둥머리에는 세 종류의 돌조각상이 배치되어 있다. 동서남북의 방향을 표현한 사신상과 시간적인 성격을 표현한 십이지상, 그리고 서수상으로 특히 사신상과 십이지상은 시간과 공간의 융합체인 우주 모형을 지상에 구현한 것이다.

그런데 바로 이 서수상 중에 재미있는 것이 있다. 멀리서 보면 두 마리처럼 보이지만 가까이 다가가 자세히 살펴보면 엄마 품에 찰싹 달라붙어 행복해 하는 새끼 서수가 함께 조각되어 있다. 근엄함을 드러내야 할 공간에 엄마 미소가 저절로 나올 법한 이런 해학적인 조각상을 만들어놓다니! 조각가가 이 공간의 엄숙함을 모를 리는 없을 텐데, 쉽게 눈에 띄지 않을 것이라 생각하고 장난삼아 슬

모자 서수상

쩍 조각한 것일까? 유머가 느껴지지만 이것 또한 균형과 조화를 상징하는 '3'을 의도적으로 표현한 것으로, 이런 해학적인 모습의 동물 조각상은 홍례문과 근정문 사이에 있는 영제교에서도 만날 수 있다.

홍례문으로 들어서면 정면에 근정문이 보이고 좌우로 행랑이 자리 잡고 있으며, 영제교라는 돌다리 아래에 금천이라는 하천을 만나게 된다. 서쪽에서 동쪽으로 흐르는 금천은 임금의 공간과 바깥공간을 구분 짓는 상징성을 지니고 있다. 금천 위에 놓인 다리는 금천교라 부르는데 경복궁에는 영제교, 창덕궁에는 금천교, 창경궁의 옥천교가 있다. 조선의 모든 궁궐에 놓여 있는 것이다.

영제교의 양옆에는 마치 물고기라도 발견한 수달마냥 눈을 부릅뜨고 쳐다보는 모습의 4마리의 동물 조각상 천록을 만날 수 있다. 사슴뿔 모양의 뿔이 1개나 있고, 몸은 비늘로 덮여 있는 이 4마리의 천록에게는 납작 엎드려 매서운 눈초리로 물길을 타고 들어오는 사악한 것들을 물리쳐 궁궐을 수호하려는 뜻이

영제교

영제교 천록

담겨져 있다. 그런데 다음 사진을 자세히 살펴보면 4마리 중 한 마리가 조금 다른 모습을 하고 있음을 발견할 수 있을 것이다. 어떻게 다른지 한번 찾아보길 바란다.

찾았는가? 물길을 따라 들어오는 사악한 기운을 날름 삼켜버릴 듯 혀를 내밀고 메롱! 하고 있는 모습이 보이는가? 영제교를 지날 때 이 천록을 찾아보는 것도 또 다른 재미를 느끼게 해줄 것이다.

이번에는 각 건물로 잠시 시선을 돌려보자. 각 건물의 규모 또한 3, 5, 7, …의 홀수에 맞추어져 있다는 것을 확인할 수 있다. 근정전은 (정면5칸)×(측면5칸) 규모이고, 편전인 사정전은 (정면5칸)×(측면3칸) 규모다. 왕이 거처하던 침전인 강령전은 (정면11칸)×(측면5칸) 규모이고 왕비의 침전인 교태전은 (정면9칸)×(측면5칸) 규모로 지어졌다. 경회루 또한 (정면7칸)×(측면5칸)의 건물이다.

지붕의 잡상의 수 또한 항상 홀수개가 되도록 설치했다. 잡상은 기와지붕 위 처마 끝에 쪼르르 올려 놓은 익살맞게 생긴 동물들의 흙 조형물이다. 갖가지 다른 형태의 상이 모여 있다 해서 잡상이라고 한다. 잡상은 모든 기와지붕 위에 설치할 수 있는 것이 아니라, 궁전건물과 궁궐과 관련이 있는 건물, 왕릉이나 왕비

근정전(7개)

경회루(11개)

사정전(7개)

강녕전(7개)

릉의 정자각 등에 한정했으며, 민가나, 사원, 서원, 지방향교 등에는 잡상을 설치하지 않았다.

홀수개의 잡상을 설치한 이유는 짝수가 음의 성질을 갖고 있으므로 귀신이 범접하기가 수월하여 쉽게 재앙이 따른다고 생각했기 때문이다.

중국의 궁궐에서는 황제가 기거하는 건물엔 11마리의 잡상이 있고, 세자는 9마리, 그 외에 격이 낮은 인물은 7마리로 정하는 등 건물의 중요도에 비례하여 개수를 결정했다. 우리나라 궁궐인 경복궁의 근정전에는 7개, 사정전 7개, 강녕전 7개, 교태전 7개가 설치되어 있고, 경회루에는 11개로 가장 많은 잡상이 있다.

경회루의 잡상의 수가 근정전보다 많은 이유는 경회루가 청나라 사신들을 위해 연회를 베풀던 곳이기 때문이다. 당시 청나라 사신들은 연회를 베푸는 장소의 처마 마루 잡상의 수가 적으면 자신들을 홀대한다고 생트집을 잡았기 때문에 경복궁 내에서 가장 많은 잡상을 설치했다고 한다.

홀수인 숫자 9 또한 최고의 권력을 상징하여 궁궐을 구중궁궐이라 부르기도 하고, 임금이 종묘사직에 제사를 지낼 때나 조회 등에서 입던 옷인 장복에 9가지 문양을 넣어 구장복이라 부르기도 했다. 9가지 문양은 한 나라를 통치하는 데 필요한 중요한 덕목을 상징적으로 표현한 것이라 한다.

잡상의 또 다른 명칭, '어처구니'

평소에 '어처구니가 없네!'라는 말을 자주 쓴다. 이 말은 '어디에다가 몸을 둘지 모른다'는 의미로, 잡상에서 비롯된 것이다. 목수가 건물을 완성하고 마지막으로 올려놓아야 할 어처구니를 깜빡 잊고 올려놓지 않아서 유래된 말이라 한다. 기껏 잘 지어놓고 어처구니를 올리지 않으면 미완성이 되니 작은 일을 마무리하지 않아 어이가 없다는 의미이다.

한편 어처구니는 '상상 밖의 엄청나게 큰 사물이나 사람' 또는 '맷돌의 손잡이'를 뜻하기도 한다. 맷돌에서 '어처구니'는 나무로 된 막대기이며 맷돌의 위판에 끼워 사용한다. 이 '어처구니'가 없으면 맷돌을 돌리기 어렵게 된다.

사각형과 원의 조화, 천원지방 사상

이번에는 경복궁에서 빼놓을 수 없는 자랑거리인 경회루로 발걸음을 옮겨 보자.

경회루는 연못인 경회지에 지어진 누각으로 최고의 경치를 자랑한다. 금방이라도 날개를 펼치고 날아갈 것만 같은 우아한 지붕 곡선과 연못에 비친 경회루의 모습은 참으로 경이롭다.

경회지에 지어진 경회루는 나라에 큰 경사가 있을 때 왕과 신하들이 규모가

큰 연회를 열거나 외국 사신
을 접대하는 곳이었다. 실제
로 경회루의 명칭에는 임금
과 신하가 덕을 갖추어 만나
는 장소라는 의미가 들어 있
다. 하지만 어이없게도 경회
루는 우리가 잘 알고 있는
'흥청망청'이라는 말이 유래

경회루

된 곳이기도 하다. 연산군 시절 유흥을 위해 궁궐로 징발한 기생들을 '흥청'이라
하였는데, 이 기생들이 풍악을 울리던 곳이 바로 경회루였기 때문이다.

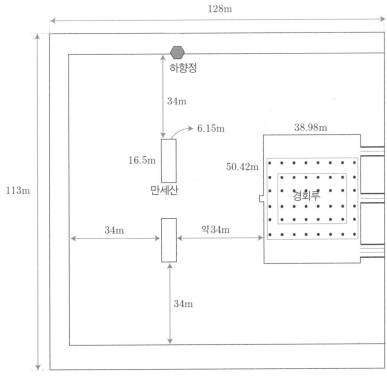

경회지 평면도

경회루를 품고 있는 연못 경회지는 정사각형처럼 네모반듯한 모양을 하고 있다. 경회지는 남북 113m, 동서 128m의 직사각형으로 동서와 남북의 길이의 비가 약 1:1.1로 거의 정사각형에 가까운 인공연못이다. 흔히 주변에서 볼 수 있는 연못이 동그란 모양이거나 비정형적인 모양인데 반해, 경회지를 굳이 사각형 형태로 만든 이유는 무엇일까?

이에 대한 답변은 경회루 기둥의 독특한 모양과도 관련이 있다. 48개의 기둥이 세워져 있는 경회루 1층은 24개의 4각기둥이 24개의 원기둥을 뱅 둘러싸고 있는 형태로 되어 있다. 심지어 안쪽의 원기둥은 사각형의 초석 위에 세워져 있기까지 하다. 보통의 건물이라면 4각기둥 또는 원기둥으로 모두 통일하여 배치했을 터인데 굳이 4각기둥과 원기둥을 혼합하여 사용한 까닭은 무엇일까?

조선을 대표하는 궁궐인 경복궁은 조선이 추구하고자 하는 사상과 이념을 담고 있다. 그 과정에서 당시 사람들의 우주에 관한 생각이 담긴 천원지방^{天圓地方}사상을 나타내려고 했다(천원지방은 한자 그대로 '하늘은 둥글다', '땅은 네모지다'는 것을

경회루 기둥

근정전 기둥   사정전 기둥

의미한다). 사람들은 북극성을 중심으로 별이 운동하는 것을 보고 경험적으로 하늘이 원 모양이라고 생각했다. 신과 같은 존재인 임금이 하늘을 뜻한다고 여긴 사람들은 임금을 원으로 나타내었으며, 땅이 신하와 백성을 뜻한다고 생각하여 사각으로 나타낸 것이다. 한마디로 천원지방 사상에는 임금이 하늘의 뜻을 땅에 실현하는 존재라는 생각이 담겨 있는 것이다.

경회지가 사각형 모양이거나 경회루의 기둥이 4각기둥과 원기둥을 혼합하여 배치한 것은 모두 이러한 생각을 적용하려 했던 것이다.

경회루뿐만 아니라 다른 건물의 기둥에도 이 천원지방 사상이 적용되었다. 원형기둥이 있는 건물은 임금과 관계있는 건물이며, 기둥이 사각형이면 그 건축물은 임금과 관계 없는 건물이다.

이를 확인하기 위해 왕의 공간인 근정전과 사정전을 잠시 살펴보기로 하자. 정면과 측면의 기둥 모두 원형 기둥으로 되어 있음을 알 수 있다. 사정전은 임금이 경연에 참석하고 신하들과 조회를 펼치던 공간이다. 그만큼 임금의 일상과 통치생활에 가장 가까운 공간이었다.

심지어 이런 기둥의 모양은 근정전을 둘러싸고 있는 행각에도 적용되어 있다. 마당에 접한 행각의 바깥쪽 기둥의 초석은 원 모양이지만, 안쪽 기둥의 초석은 사각형으로 배치했다. 그렇다면 두 기둥 사이의 공간은 인간을 의미하는 것은

행각

정

아니었을까? 그곳이 사람이 다니는 통로였으니 말이다.

　근정전의 월대 위에 있는 청동항아리 '정'에도 천원지방 사상이 적용되어 있다. 정을 받치고 있는 돌 모양을 살펴보자. 보통은 한 가지 모양인데 반해 원기둥과 8각기둥을 겹쳐놓은 모양이다. 잠시 고개를 들어 조금만 넓게 보면 8각기둥 아래에는 월대라는 커다란 4각기둥이 놓여 있는 것을 볼 수도 있다. 즉 4각기둥 – 8각기둥 – 원기둥 위에 정이 놓여 있는 셈이다. 사실 정은 하늘을 섬기고 백성들을 보살피는 마음을 의미하는 인간존중사상을 담아 만든 것이다. 이 소중하고 특별한 의미를 표현하기 위해 땅을 상징하는 4각기둥 모양의 월대 위에 인간을 상징하는 8각기둥, 그 위에 하늘을 상징하는 원기둥, 그 위에 정을 올려놓은 것이다. 전형적으로 천원지방 사상을 나타낸 것이라 볼 수 있다.

　이외에도 더 많은 곳에서 이 천원지방 사상이 표현된 것을 찾아볼 수 있다. 경복궁의 이곳저곳을 돌아보며 어디에 어떻게 표현되어 있는지 확인해보자. 경복궁이 어느 정도로 치밀한 사고 아래 설계되고 건축되었는지를 알 수 있을 것이다.

근정전이 품은 금강비

경복궁을 이야기할 때 꼭 다루어야 할 대표 공간이 있다. 바로 근정전 영역이다. 경복궁에서 가장 중심이 되는 공간으로 조선의 중요한 공식 행사가 진행되었던 곳이기도 하다. TV나 영화의 사극에서 왕이 중전을 맞이하고 세자를 책봉하던 장소도 바로 이곳이다.

마당 끝에서 주변의 건물 및 풍경과 비교하며 근정전을 바라보면 웅장한 듯 수수한 외형에서 위풍당당함이 느껴진다.

그런데 한 나라의 중요한 공식행사가 진행되던 곳인데도 근정전의 규모가 위압적이라는 생각이 들지 않는다. 앞마당 또한 그리 크지 않다. 축구장만큼이나 크게 지을 법도 한데 말이다. 위압적이지 않은 적당한 규모가 주변과 조화를 이루고 균형감이 느껴져 감탄사와 더불어 품격이라는 단어가 머릿속에 떠오른다.

경복궁의 대표공간답게 이곳을 설계할 때는 가장 먼저 왕의 위엄을 드러내면서도 조화, 균형미를 표현할 수 있는 비례를 고려하지 않았을까? 또 비례 자체가 가지고 있는 상징성도 중요하게 생각했을 것이다.

실제로 경복궁에서 자주 발견되는 비례는 서양의 황금비와 비교되는 금강비 $\sqrt{2} : 1$이다. 여기서 $\sqrt{2}$는 한 변의 길이가 1인 정사각형의 대각선의 길이로 약 1.4 정도 된다. 이는 우리나라 금강산과 같이 아름다운 비례라는 의미에서 금강비라고 부르게 되었다고 한다. $\sqrt{2} : 1$은 금강비라고 불릴 만큼 조화미는 물론, 안정감을 느끼게 하는 비례이다. 또 정사각형을 표현할 수 있는 곳이면 어디에서나 쉽게 $\sqrt{2}$를 나타낼 수 있는 탓에 금강비는 매우 실용적이라고도 할 수 있다.

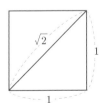 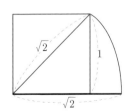 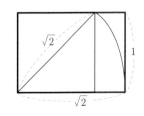

그렇다면 근정전 공간에는 이 금강비가 어떻게 적용되어 있을까?

금강비율인 $\sqrt{2}$가 정사각형의 대각선 길이와 관련이 있는 만큼, 이를 알아보기 위해서는 먼저 근정전과 마당 공간에서 정사각형을 표현할 수 있는 공간을 찾으면 된다. 근정전 공간의 배치도를 살펴보면 월대의 모양이 정사각형처럼 보이지만 실제로 하월대는 (정면의 길이)×(측면의 길이)가 160.9척(약 52m)×170척(약

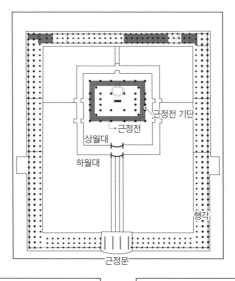

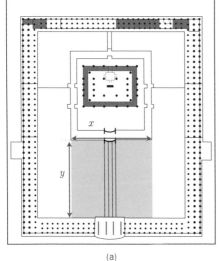

(a)

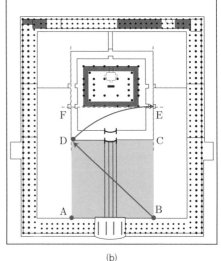

(b)

$56\,\mathrm{m}$)인 직사각형으로 되어 있다.

근정전 공간에서 정사각형 모양의 땅은 바로 하월대에 접한 앞마당 공간으로, 가로(x), 세로(y)의 길이가 각각 약 52미터 정도 된다(그림(a)). 이 정사각형 마당의 두 꼭짓점 B와 D를 잇는 대각선을 반지름으로 하는 호를 그리면 근정전 기단의 가로선의 연장선과 점 E에서 만나게 된다(그림(b)). 이것은 곧 선분 BE의 길이가 바로 정사각형 앞마당의 한 변의 길이의 $\sqrt{2}$배에 해당한다는 것을 의미한다.

또 정사각형 앞마당에서 두 대각선의 연장선을 그리면 근정전 기단의 가로선의 연장선과 마당에 접한 행각 기단의 두 점 H와 G에서 만나는 것을 알 수 있다. 이때 정사각형 ABCD의 두 대각선이 점 O에서 서로 수직으로 만나므로 삼각형 OHG는 직각이등변삼각형이 된다. 이것은 곧 선분 GH의 길이가 선분 OG 길이의 $\sqrt{2}$배임을 의미한다.

이것으로 보아 근정전 영역에서 근정전의 위치 및 좌우 행각의 위치를 정할 때 금강비가 고려되었을 것이라 짐작할 수 있다.

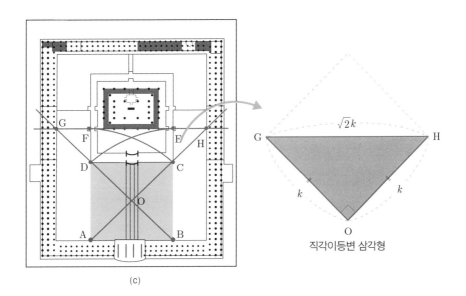

(c)

직각이등변 삼각형

이번에는 그림 (d)에서 직사각형 MNHG의 두 대각선($\overline{MH}, \overline{NG}$)을 반지름으로 하는 호를 그리면 뒷마당에 접한 행각이 이루는 직사각형의 북쪽 꼭짓점 I, J와 만나게 되는 것을 확인할 수 있다. 이를 통해 근정전 영역에서 뒷공간의 규모가 결정된 것으로 보인다.

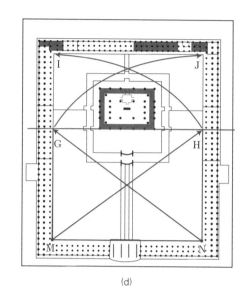

(d)

그렇다면 근정전 건물의 위치, 월대의 크기는 어땠을까?

근정전 앞 월대 위 공간인 직사각형 PQRS의 두 대각선($\overline{PR}, \overline{QS}$)을 각각 반지름으로 하는 호를 그리면 하월대가 이루는 직사각형의 두 꼭짓점 T, U와 만나게 된다. 이 두 개의 점 T와 U의 위치가 하월대의 위치 및 크기를 정하는 기준이 되었던 것으로 여겨진다.

딱 맞는 수치는 아니지만 근정전 건물에도 이 금강비를 적용하려 했다는 것

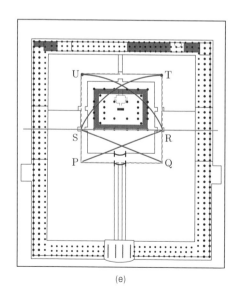

(e)

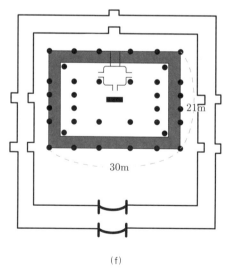

(f)

을 짐작할 수 있다. 근정전은 정면 5칸(30m)× 측면 5칸(21m)의 규모로서 그 길이의 비는 약 1.43 : 1이다(그림 (f)). $\sqrt{2}$: 1의 비례와 매우 유사하다는 것을 눈치 챘을 것이다.

이것으로 보아 근정전 공간에서 앞마당과 뒷마당, 근정전과 월대의 규모 및 위치가 매우 치밀한 계산 아래 계획되어 건축된 것임을 알 수 있다.

경복궁을 대표하는 공간에 적용된 금강비는 실제로 격식을 갖추어야 하거나 권위를 중시하는 전통건축물에서 많이 찾아볼 수 있다. 따라서 다른 궁궐의 정전이나 석굴암, 사찰 등에서도 금강비를 쉽게 찾아볼 수 있다.

꽃담 속 띠무늬의 매력

아름답다. 색도! 모양도! 왕의 공간을 지나 조금만 더 깊숙이 들어가면, 감탄사가 절로 나오는 공간을 만나게 된다. 바로 왕비와 대비의 공간인 교태전과 자경전의 꽃담 앞이다.

꽃담은 담장이나 굴뚝에 무늬를 새겨 넣어 장식한 것을 말한다. 경복궁에서 화사함의 역할을 담당하고 있는 것이 있다면 아마도 이 꽃담일 것이다. 왕실 여성들의 바깥출입이 자유롭지 못한 상황을 고려하여 담장을 아름답게 꾸민 것으로 생각된다.

자경전

교태전

교태전과 자경전의 꽃담은 경복궁의 어느 곳과도 비교가 되지 않을 정도로 화려하지만 사치스럽지는 않다. 또 같은 벽면을 몇 개의 영역으로 나누어 서로 다른 무늬들을 일정한 규칙없이 마구잡이로 나열하여 채우고 있지만 산만스러워 보이지도 않는다. 되려 수수하고 은은한 분위기 너머로 겸손과 절제의 미가 느껴진다. 그것은 경복궁을 지을 때 법궁이지만 검소함을 강조하는 유교의 영향 아래, 검소하면서도 자연스러운 멋이 우러나도록 지었기 때문일 것이다.

자경전과 교태전의 꽃담이나 굴뚝은 꽃이나 십장생 등의 동식물, 장생복락을 비는 문자를 새겨 넣거나 기하학적 도형을 반복하여 나타낸 문양으로 장식되어 있다. 하지만 이들 꽃담과 굴뚝은 단순한 담장, 굴뚝의 기능이 아닌 그 예술적 가치로 더 많은 인정을 받고 있다.

잠시 발길을 멈추고 꽃담이나 굴뚝에 장식된 문양을 살펴보자. 꽃담을 둘러보며 꽃이나 동물 문양에 눈길이 먼저 가기도 하지만, 선이나 다각형 등의 기하학적 도형을 반복적으로 사용하여 나타낸 문양 또한 충분히 매력적이라는 것을 느낄 것이다. 자칫 밋밋할 수 있는 담장을 단순한 도형들을 반복 배치하는 것만으로도 풍성하게 장식함으로써 눈을 즐겁게 하는 것이 신기하기까지 하다.

도형을 반복 배치하여 만든 문양들은 두 가지 용도로 이용되고 있음을 알 수 있다. 한 가지는 띠 형태로 담장 면의 테두리를 장식하고 있으며, 다른 한 가지는 담장 면의 내부를 채우고 있다. 이 두 가지 용도 중 먼저 담장의 테두리를 이루는 띠무늬를 살펴 보기로 하자.

테두리를 구성하는 문양은 주로 한 가지 무늬로 되어 있다. 언뜻 보면 'ㅜ' 모양과 이것을 수평으로 반사시킨 'ㅗ' 모양을 빈틈없이 반복 배치한 것으로 보이

지만, 수학적으로 보다 정확히 표현하면 'T'모양과 이것을 수평 반사시킨 후 오른쪽으로 살짝 평행이동시킨 '⊥'모양을 반복배치한 것이라 할 수 있다. 두 가지 표현이 같아 보일 수도 있지만 'T'모양과 이것을 상하로 반사시킨 '⊥'모 양을 평행이동 시키지 않고 빈틈없이 반복배치하게 되면 실제의 띠무늬와 달리 다음과 같은 띠 무늬가 만들어지게 된다.

TTTTT…

기본도형을 반복 배치하여 기하학적으로 띠무늬를 만들 때 어떤 방법을 적용 하느냐에 따라 서로 다른 무늬가 나타나게 된다. 이때 적용하는 방법으로는 4가 지가 있다. 평행이동과 회전이동, 반사, 미끄럼반사가 바로 그것이다.

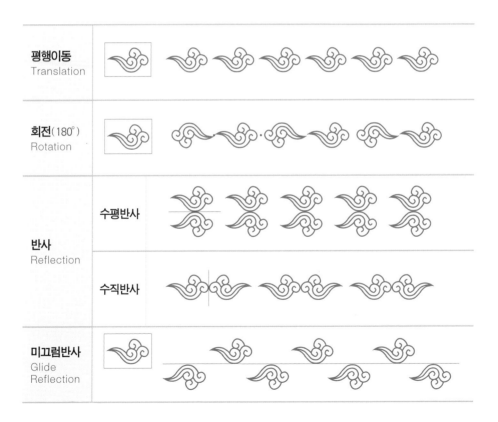

평행이동 Translation		
회전(180°) Rotation		
반사 Reflection	수평반사	
	수직반사	
미끄럼반사 Glide Reflection		

교태전의 아미산 굴뚝

이때 미끄럼반사는 평행이동과 수평반사를 결합한 것을 말한다. 수평반사 후 평행이동을 하거나 평행이동 후 수평반사한 경우이다. 따라서 교태전에 사용된 띠무늬 ⊏⊐⊏⊐⊏ 는 기본도형 'ㅜ'를 수평반사한 후 평행이동시킨 미끄럼반사를 이용한 것이라 할 수 있다. 교태전의 아미산 굴뚝에도 길이가 짧은 또 다른 띠무늬가 새겨져 있다. 이 띠무늬(오른쪽 그림)는 나무줄기 모양의 기본도형을 미끄럼반사와 180° 회전, 평행이동을 결합하여 만든 것이다.

이렇게 평행이동과 180° 회전, 수평·수직반사, 미끄럼반사의 방법을 결합하면 매우 다양한 띠무늬를 만들 수 있다. 그렇다면 한 가지의 기본도형을 이용하여 띠무늬를 만든다면, 서로 다른 형태의 띠무늬를 몇 가지나 만들 수 있을까? 이해를 돕기 위해 발바닥 모양을 기본도형으로 하여 띠무늬를 만들어보자.

4가지 방법을 아무리 다양하게 결합하여 새로운 형태의 띠무늬를 만들더라도 아마도 위의 7가지 모양 외에 다른 형태의 띠무늬가 나타나지 않는다는 것을 확인할 수 있을 것이다.

평행이동	
수직반사+ 평행이동	
수평반사+ 평행이동	
회전(180°) 수평+ 수직반사 평행이동	
1회전(180°) +평행이동	
미끄럼반사 +평행이동	
수직반사 1회전(180°) +평행이동	

쪽매맞춤, 화사함을 뽐내다

띠무늬와 마찬가지로 담장 면 또한 사각형이나 육각형, 선들로 된 기본도형을 반복 배치함으로써 평면을 채우고 있다. 이와 같이 한 가지 또는 여러 개의 합동인 기본도형들을 포개지 않고 빈틈없이 빽빽하게 평면을 채우는 기법을 쪽매맞춤^{Tiling}이라고 한다.

꽃담을 구성하고 있는 문양들 중 기하학적 도형을 배치하여 만든 문양들을 찾아보면 다음과 같다. 다양하면서도 섬세함을 느낄 수 있을 것이다.

교태전의 꽃담에서 볼 수 있는 쪽매맞춤은 정사각형과 정육각형 모양을 이용하여 만든 것이다. 그렇다면 한 종류의 도형을 이용할 때 정다각형이면 어떤 것이든지 쪽매맞춤을 할 수 있는 것일까?

이 질문은 '기본도형을 어떤 정다각형으로 하든지 상관없이 한 꼭짓점에 기본도형인 정다각형을 이어붙일 때 남거나 겹치지 않게 모두 360°가 되도록 붙일 수 있는가?'로 바꾸어 생각할 수 있다. 질문에 대한 답을 찾기 위해 정삼각형, 정사각형, 정오각형, … 순으로 각각 한 내각의 크기를 확인해보기로 하자.

정다각형	한 내각의 크기	정다각형을 겹치지 않고 가장 많이 붙일 때 만들어지는 각의 크기
정3각형	60°	$60° \times 6 = 360°$
정4각형	90°	$90° \times 4 = 360°$
정5각형	108°	$108° \times 3 = 324°$
정6각형	120°	$120° \times 3 = 360°$
정7각형	약128.6°	$128.6° \times 2 = 257.2°$
정8각형	135°	$135° \times 2 = 270°$
정9각형	140°	$140° \times 2 = 280°$

$6 \times 60° = 360°$
(○)

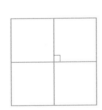

$4 \times 90° = 360°$
(○)

$3 \times 108° = 324° (\times)$
$4 \times 108° = 432° (\times)$

$3 \times 120° = 360°$
(○)

이것으로 보아 한 종류의 정다각형을 이용하여 쪽매맞춤을 할 때 정삼각형, 정사각형, 정육각형의 경우에만 가능함을 알 수 있다. 꽃담에서 정칠각형이나 정팔각형으로 이루어진 쪽매맞춤을 볼 수 없었던 이유는 바로 이 때문이었던 것이다.

정삼각형을 이용하여 만든 쪽매맞춤은 근정전의 창호에서 찾아볼 수 있다.

근정전 창호

교태전의 꽃담에서는 한 가지 종류의 정다각형만이 아닌, 두 종류의 정다각형으로 쪽매맞춤한 무늬도 찾아볼 수 있다. 두 종류 이상의 정다각형을 이용하면 보다 다양한 쪽매맞춤을 할 수 있다.

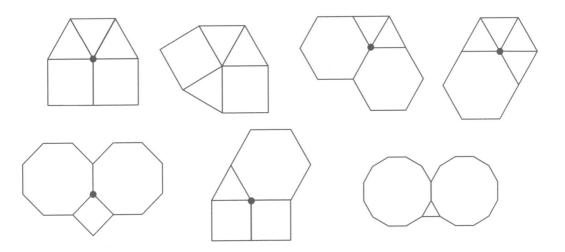

　그렇다면 정다각형이 아닌 경우에는 쪽매맞춤이 불가능할까? 사실 정다각형일 경우에는 내각의 크기가 모두 같은 탓에 360°를 맞추기 어려워 쪽매맞춤하기가 훨씬 어렵다. 반면 정다각형이 아닌 경우에는 모양을 변형하여 360°를 맞출 수 있으므로 보다 다양하게 쪽매맞춤을 할 수 있다.

　이를테면 삼각형의 내각의 크기의 합은 180°이고, 사각형의 내각의 크기의 합은 360°이므로 삼각형과 사각형은 모양에 상관없이 모양을 정해서 계속 반복하면 평면을 빈틈없이 채울 수 있다. 오각형의 경우, 정오각형을 반복하여 배치하면 빈틈이 생기거나 서로 겹치게 되지만 정오각형이 아닌 오각형은 15가지의 방법으로 쪽매맞춤을 할 수 있다. 만일 오각형의 5개의 각과 5개의 변의 길이가 다음의 조건을 만족하면 이들 오각형을 사용하여 그림(a), (b)와 같이 쪽매맞춤을 할 수 있다.

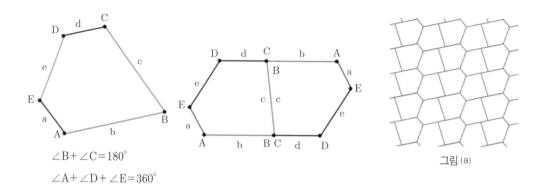

$\angle B + \angle C = 180°$

$\angle A + \angle D + \angle E = 360°$

그림 (a)

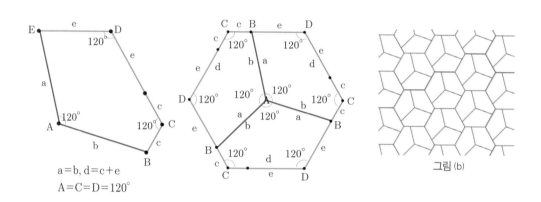

$a = b, d = c + e$

$A = C = D = 120°$

그림 (b)

평면을 채우는 쪽매맞춤을 할 경우에도 평행이동, 회전, 반사, 미끄럼반사의 방법을 이용하면 매우 다양한 무늬를 만들 수 있다. 기본도형을 사용하여 서로 다른 띠무늬를 만들 때 모두 7가지 유형의 문양을 만들 수 있지만, 평면을 채울 때는 모두 17가지의 문양을 만들 수 있다. 오른쪽 문양은 기본단위를 회전축을 중심으로 90°씩 4회 회전하여 정사각형의 단위문양을 만들고 이 단위문양을 두 선에 대해 반사한 것을 반복하여 만든 것이다.

꽃담뿐만 아니라 단청에서도 세련되고 우아한 문양을 많이 찾아볼 수 있다. 알함브라 궁전의 섬세한 문양 못지않게 우리의 전통 문양 또한 매우 세련되고 정교하며 다양한 형태로 꾸며져 있다. 따라서 경복궁을 둘러보며 어떤 종류의 전통 문양들이 있는지 찾아보는 것도 재미있는 경험이 될 것이다.

경복궁은 정도전이라는 당대 최고 문인의 이상과 선조들의 동양사상을 담아, 최고의 장인과 예술가들이 고도의 집중력과 섬세한 손길로 만들어낸 창조물이다. 때문에 구중궁궐을 보면서 높은 경지의 건축술과 예술을 발견하고 그것을 수학적 시각으로 해석해 보면서 그 가치를 인지하는 일은 우리 문화재에 대한 자긍심을 갖기에 충분한 자극적 요소가 됨은 두 말할 필요가 없다. 더불어 조선 왕조의 치세 동안 매 순간순간의 이야기가 날실과 씨실처럼 얽혀 있는 곳이기도 하다. 그래서인지 경복궁을 방문할 때마다 또 다른 감동과 새로운 모습을 발견하게 된다. 경복궁은 방문할 때마다 새로운 것을 발견하게 되는 즐거움을 기대하기에 좋은 멋진 장소임에 틀림없다.

연화무늬 작도하기

준비물 종이, 연필, 가위, 자, 색연필, 콤파스, 바늘(또는 송곳)

경복궁에서는 단청문양 중 특히 연꽃을 본 따 그린 연화무늬를 많이 볼 수 있다. 그런데 어쩜 그렇게 한 사람이 그린 것처럼 똑같을 수 있을까?

그것은 오늘날의 복사기처럼 직접 손으로 복사하는 방법을 적용하기 때문이다. 실제로 똑같은 모양의 연화무늬를 만들어 보기로 하자.

종이접기

① 적당한 크기의 원을 여러 장 오린다.

② 한 장의 원을 반으로 접은 다음, 반원을 다시 삼등분하여 접는다.

③ 삼등분하여 접은 것을 다시 절반으로 접은 후 편다.

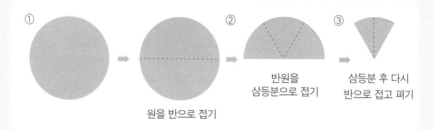

① ② ③

원을 반으로 접기　　반원을 삼등분으로 접기　　삼등분 후 다시 반으로 접고 펴기

④ ③에서 반으로 접은 것을 편 다음, 접은 선에 대하여 좌우 대칭이 되도록 연필로 1개
의 꽃잎을 그린다.

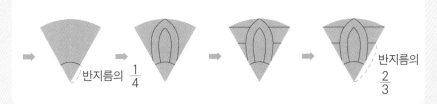

초뚫기

⑤ ④의 무늬를 바늘로 콕콕콕 찔러 흔적을
남긴 다음 원을 펼친다. 오려 놓은 다른 원
에 초뚫기한 원을 겹쳐 다시 초뚫기를 하
면 똑같은 무늬를 만들 수 있다.

도채

⑥ 바늘 자국을 따라 연꽃 모양이 되도록 예쁘
게 색칠하면 연꽃 무늬 완성!

지혜로
한옥을 짓다

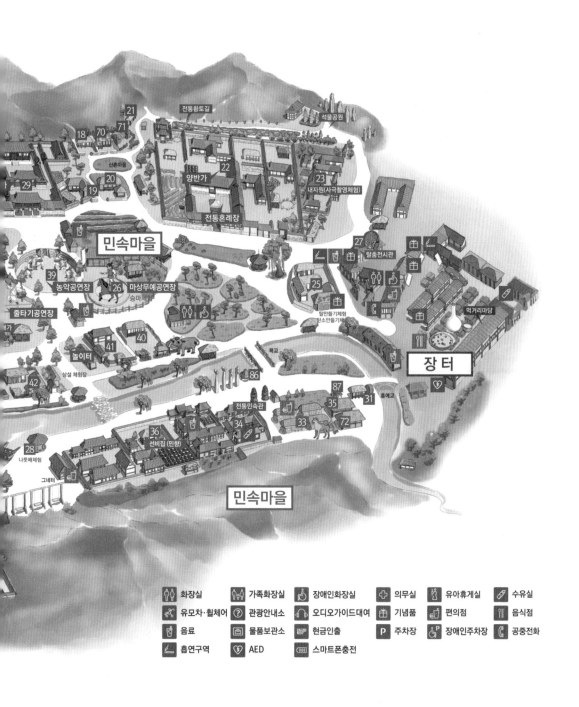

민속마을

장 터

민속마을

전통황토길
석물공원
산촌마을
양반가
22
23
내자원(사극촬영체험)
21
70
71
18
29
19
20
39
농악공연장
26 마상무예공연장
송마체험장
줄타기공연장
27 탈춤전시관
25
탈만들기체험
탄소만들기체험
먹거리마당
41
40
놀이터
상설 체험장
42
86
북교
87
35
31
홍예교
72
전통민속관
34
33
28
36
선비집 (민항)
나룻배체험
그네터

화장실	가족화장실	장애인화장실	의무실	유아휴게실	수유실
유모차·휠체어	관광안내소	오디오가이드대여	기념품	편의점	음식점
음료	물품보관소	현금인출	주차장	장애인주차장	공중전화
흡연구역	AED	스마트폰충전			

우리 전통문화의 메카 한국민속촌

'조선에 당도한 것을 환영하오!' 라는 환영의 메시지와 함께 조선시대로의 시간여행을 체험해볼 수 있는 곳이 있다. 드라마 이야기냐구? 아님 타임머신이라도 발명했냐구? 이것은 그 어느 것도 아닌 경기도 용인에 있는 사극드라마의 메카 한국민속촌 이야기이다.

한국민속촌은 30만 평의 배산임수 지형에 각 지방에서 옮겨왔거나 복원한 260여 채의 전통가옥들로 이루어진 거대한 조선시대 촌락이 자리하고 있다. 때문에 조선시대에서 시간이 멈춰버린 듯 골목골목을 누비다 보면 실제 조선시대 마을을 거니는 착각이 들기도 한다.

자~ 그럼 지금부터 조선시대로의 시간여행을 떠나보자. 어디부터 가볼까. 꽤 넓은 땅에 민속마당, 전시마당, 공연마당, 체험마당, 사극마당, 놀이마당이 조성 취지에 맞게 잘 꾸며져 있어 첫 발을 내딛기 위해서는 잠시 설레고 즐거운 고민을 해야 한다.

더불어 민속촌이 촌스럽고 재미없다는 편견은 이제 그만! 전통의 맛을 그대로 간직하면서도 아이디어 넘치는 신선한 프로그램들이 곳곳에서 여러분들을 기다리고 있기 때문이다. 체험형 전시부터 세시풍속 체험, 조선시대의 여러 캐릭터들과의 만남까지 다채롭다. 엿장수를 시작으로 관상쟁이, 양반, 궁녀, 포졸에 심지어는 꽃거지까지 등장해 체험객들의 혼을 쏙 빼놓는다. 과거와 현재가 공존하는 다양한 전통문화를 체험하며 호흡하다 보면 그야말로 시간이 화살처럼 빨리 지나가고 만다.

무엇보다 민속촌 투어에서 결코 빼놓을 수 없는 절대재미란 바로 민속촌이 조선시대 촌락을 조성해 놓은 곳인 만큼 전통 황토길과 한옥에 흠뻑 취해 당시 사람들의 일상을 상상하고 그 흔적을 오롯이 느껴보는 것이 아닐까 싶다. 초가집, 기와집들을 돌다보면 집안 곳곳에서 연자방아, 디딜방아 등 이제는 보기 힘든 생활도구들을 쉽게 볼 수 있음은 물론, 체험도 해볼 수 있다. 게다가 말로만 듣던 대궐 같은 99칸 양반집까지 둘러보는 꿩 먹고 알 먹기 행운까지 얻어갈 수 있다.

한국민속촌 봄 축제 웰컴투 조선.

정겨운 전통의 맛에 취해 마을을 돌다 보면 몇몇 가옥들의 대문 앞이나 마당에서 명품 한류 드라마 〈대장금〉, 〈성균관 스캔들〉, 〈별에서 온 그대〉, 〈관상〉, 〈육룡이 나르샤〉 등 드라마 속 반가운 배우들의 실물 크기 사진 판넬이 세워져 있는 것도 발견할 수 있다.

사실 민속촌은 사극이나 영화촬영 장소로 유명한 곳이다. 배우들의 사진 판넬은 해당 사극이나 영화를 촬영한 곳에 세워둔 것으로, 몇 년 전부터 민속촌에서는 매년 '사극드라마축제'라는 이색축제를 개최하고 있다. 축제에서는 실제로 유명 배우들을 만나는 특급 행운을 누릴 수도 있다. 뿐만 아니라 장옥정의 사약체험, 코믹 관상 체험, 황진이의 기방체험, 육룡이 나르샤의 검술체험 등 사극 속 주인공으로 분해서 드라마 명장면을 직접 체험해볼 수도 있다.

이곳이 사극촬영 명소가 된 것은 철저한 고증과 자문을 거쳐 각 지방별 서민가옥과 양반가옥을 비롯하여 관아, 서원, 서당, 한약방, 서낭당, 점술집까지 다양한 건축물을 복원해 놓았기 때문이다.

그렇다면 여기서 잠시, 발길을 멈추고 민속촌의 주인공인 우리의 전통가옥에 대해 알아보는 것은 어떨까. 그런데 그에 앞서 궁금한 것이 있다. 서양의 건물들과 달리 민속마을의 건축물에서는 높은 건물이나 대형 건물을 찾아볼 수 없다. 높은 건물이라고 해봐야 2층짜리에 불과할 뿐이다. 왜 그럴까?

민속마을에서 높은 건물이나 대형 건물을 찾아볼 수 없는 것은 건물을 쌓는

조적식

가구식

방식이 서양과 다른 탓이다. 서양의 건축물은 주로 벽돌이나 돌을 쌓아 세우는 조적식으로 완성하는 반면, 우리의 전통 건축물은 대부분 커다란 나무 등으로 뼈대를 만들어 세우는 가구식으로 짓기 때문이다.

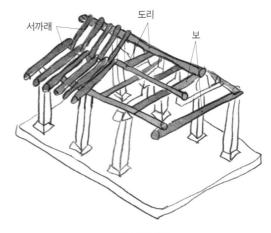

전통가옥 한옥

서양의 건축물은 이집트 피라미드나 그리스의 파르테논 신전, 터키의 성 소피아 성당 등과 같이 돌이나 벽돌을 촘촘히 쌓아 올려 짓기 때문에 거대하면서도 견고하게 지을 수가 있다. 오랜 세월을 견뎌내는데도 그다지 어렵지 않다.

하지만 가구식으로 세우는 건축물은 뼈대로 세울 큰 나무를 구하기가 힘들어 높은 건물을 세우기가 쉽지 않다. 또 눈이나 비에 약한 나무로 뼈대

가구식은 뼈대로 세울 큰 나무가 필요하다.

기둥을 세우기 때문에 오랜 세월을 견뎌내는 것도 쉽지 않다.

그런데도 우리나라 대표 전통건물인 봉정사 극락전이나 부석사 무량수전은 대략 600년~800년 전에 세워진 건물이다. 나무 기둥의 전통가옥 한옥이 어떤 우수성을 가지고 있기에 이처럼 오랜 세월을 버텨낼 수 있었던 것일까?

한옥 구조의 기본단위, 칸 또는 간

한옥을 떠올리면 가장 궁금한 것 중 하나가 아마도 99칸 대궐 같은 집의 규모

일 것이다. 얼마나 클까? 정말 99개의 방으로 이루어져 있을까? 굳이 99칸이라고 그 칸 수를 정한 이유는 무엇일까? 100칸이 넘으면 안 되는 걸까? 이런 집에는 누가 살까? 등등.

이 99칸 집과는 반대로 서민들이 거주할 수 있는 가장 단출한 집을 '초가삼간'이라고 말한다. 그렇다면 초가삼간은 3개의 방으로 이루어져 있는 것일까?

민속마을에서는 99칸 집과 초가삼간을 모두 둘러볼 수 있으니 이번 기회에 궁금증을 모두 풀어보기로 하자.

먼저 관아 옆에 자리한 99칸 집을 방문해보자. 실제로 99개의 방이 있는지 세어 보자. 그런데 어라? 몇 번을 세 봐도 방의 개수가 99개가 되지 않는다. 그렇다면 집을 복원하는 과정에서 너무 크고 넓은 나머지 줄여 지은 것일까? 이 의문점에 대한 답을 하려면 먼저 칸 또는 간의 의미를 알아봐야 할 것 같다.

'칸'은 기둥을 연속하여 배열할 때 기둥과 기둥 사이의 길이를 말하는 것으로 '간'이라고도 한다. 특이한 것은 이 '칸'이 4개의 기둥으로 둘러싸인 (정면 한 칸)×(측면 한 칸)의 면적을 말하기도 한다는 것이다. 즉 칸은 길이 단위이기도 하지만 면적 단위이기도 하다. 단위를 나타낼 때 길이와 면적은 차원이 다른 개념인데도 같은 단어로 표현하는 경우는 매우 드문 일이 아닐 수 없다.

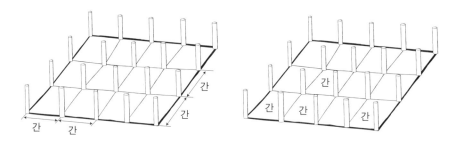

(정면 4칸)×(측면 3칸) 또는 12칸 집

'정면 3칸'의 칸은 길이 개념이고, '99칸 대궐집'의 칸은 면적 개념이다. 따라서 99칸 양반집은 99개의 방이 있다는 것이 아닌, 99개의 칸(간)으로 이루어진 규모가 큰 집을 말한다. 과거에는 궁궐을 빼고는 100칸을 넘지 못하게 규제했기 때문에 돈이 아무리 많은 부잣집도 99칸이 넘는 집을 지을 수가 없었다고 한다. 초가삼간은 3칸 중 서쪽 1칸은 부엌이고 가운데가 1칸짜리 방 그리고 나머지 1칸은 곡식 항아리 따위를 보관하는 광으로 구성하거나, 부엌과 큰방, 작은 방 각 1칸씩으로 만든 집을 말한다.

이외에도 칸은 또 다른 독특한 특성을 가지고 있다. 우리가 일반적으로 사용하는 자와 달리, 각 칸의 길이가 일정하게 정해져 있지 않다는 것이다. 즉 건물에 따라 그 길이가 다르며 건물의 격식이 높고 규모가 클수록 길이를 길게 했다.

더 특이한 사실은 한 건물에서도 칸의 길이를 다르게 설정하기도 한다는 것이다. 마곡사 대광보전이나 논산 명재고택은 칸의 길이가 모두 동일하지만, 불국사 대웅전과 법주사 대웅보전은 가운데 칸의 길이가 양쪽 칸의 길이와 다르게 지어졌다.

굳이 가운데 칸을 더 길게 한 이유는 무엇일까? 두 건물을 자세히 살펴보면, 가운데 칸이 길수록 중앙으로 시선이 집중되는 느낌이 든다. 또 길이가 다른 경우에는 길이가 동일한 경우에 비해 다양한 비례를 구현할 수 있다. 다양하게 나타낼 수 있는 비례는 한 가지만으로 나타낼 수 있는 비례에 비해 그 선택이 훨

창덕궁 인정전

불국사 대웅전

가운데 칸의 길이가 양쪽 칸의 길이보다 길다.

씬 자유롭다.

건물의 중앙에 시선을 집중시키는 효과는 칸의 수도 한 몫한다. 일반적으로 한옥에서 정면의 칸 수는 홀수로 만들었는데, 보통 3칸과 5칸이 가장 많다. 반면 측면의 칸 수는 홀수나 짝수에 관계없이 만들었으며, 3칸이 가장 많고 그 다음 으로 2칸, 4칸 순으로 많다.

정면을 홀수 칸으로 만드는 이유는 건물의 한복판에 기둥이 있는 것을 좋아하 지 않았기 때문이다. 특히 권위를 내세우거나 의례가 중시되는 곳에서는 아무리 작은 건물이라도 중앙에 기둥이 없는 중심공간이 필요했고, 외관상으로도 중앙 공간의 중심성을 부각시켜야 했기 때문이다.

정면 2칸집   정면 3칸집

한옥은 왜 지붕이 클까?

이번에는 마을을 돌아보며 각 집들의 지붕을 살펴보자.

대궐 같은 99칸 기와집이건, 초가집이건 하나같이 서양의 건물에 비해 모두 지붕이 건물 내 생활공간보다 훨씬 더 크다는 것을 알 수 있다. 아파트나 현대식 빌딩들로 촘촘하게 둘러싸인 주변의 많은 건물들을 살펴보면 지붕이 건물보다 더 큰 경우를 거의 찾아보기 어렵다. 그 이유는 무엇일까?

그것은 우리나라의 자연환경과 매우 밀접한 관련이 있다. 우리나라는 지리적으로 북반구의 중위도(북위 33°~38°)에 위치하고 있어 사계절이 분명한 기후 특성을 지니고 있다. 3면이 바다와 접해 여름에는 덥고 습기가 많으며, 겨울에는 춥고 건조한 편이다.

여름과 겨울에 태양의 남중고도가 다른 우리나라의 자연환경에서 이상적인 집이란 여

름에는 뜨거운 햇볕을 막고, 장마철에는 빗물이 집에 들이치지 않도록 해야 하며, 겨울에는 따뜻한 햇살이 집안 깊숙이 들어와야 한다.

이것은 곧 한옥 지붕이 우산 또는 양산 역할을 해야 한다는 것을 의미한다. 한옥의 지붕이 실제 건물 내 생활공간보다 더 커진 이유가 바로 이 때문이라고 할 수 있다. 현대식 건물은 지붕이나 벽면이 콘크리트로 되어 있고 방수처리가 잘 되어 굳이 지붕을 크게 할 필요가 없다.

한옥은 나무로 기둥을 세우고 흙으로 벽체를 만드는데, 나무와 흙이 물을 만나면 썩거나 녹아내릴 수 있다. 따라서 지붕이 우산이 되어 나무기둥과 벽체가 들이치는 비에 젖지 않도록 해야 한다. 그런데 비가 오는 날 빗물이 곱게 수직으로만 떨어지면 문제될 것이 없지만 들이치는 비에 기둥 아랫부분이 젖게 마련이다. 비가 세차게 내리거나 바람이라도 불면 아무리 큰 우산을 써도 발이 젖는 것을 떠올리면 이해가 될 것이다. 가랑비에 옷이 젖듯 나무기둥에 오랫동안 빗물이 스며들게 되면 썩어 결국 건물이 무너지게 될 것이다. 그래서 선조들이 선택한 방법이란 기둥 밖으로 길게 뻗어나간 큰 지붕을 만드는 것이었다. 또 기단을 높게 하거나 기둥을 받쳐주는 주춧돌을 높게 한 것도 같은 이유에서였다.

이렇게 기둥 밖으로 뻗어나간 지붕 부분을 처마라고 한다. 처마의 길이를 길

게 하면 할수록 나무기둥
이 비에 젖을 확률은 낮아
지지만, 무조건 길다고 다
좋은 것은 아니다. 처마의
길이가 길어지면 서까래
한 쪽만 기둥에 지지한 채
나머지 한쪽이 허공으로
길게 뻗어 나와 있어야 하
므로 기와나 서까래가 떨

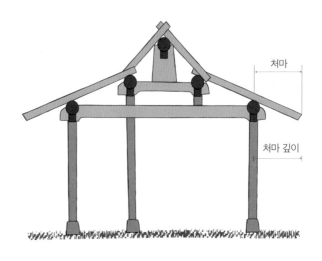

어지는 등의 구조적으로 위험한 상황이 일어날 수 있을 뿐만 아니라, 실내가 어
두워지는 결과를 낳게 된다. 따라서 선조들은 들이치는 비에 나무기둥이 젖지
않으면서 여름에는 강한 햇빛을 막고 겨울에는 햇살이 방안 깊숙이 들어오도록
고려한 나름대로의 규칙에 따라 처마의 깊이를 정하였다.

처마 깊이는 처마 끝에서 기둥의 중심까지의 길이를 말한다. 그렇다면 처마
깊이를 어느 정도로 하는 것이 좋을까?

햇빛의 양을 조절하는 처마

지구는 자전축이 $23.5°$ 기울어
져 있기 때문에 태양의 남중고도
가 여름과 겨울에 $47°(23.5°×2)$
정도 차이가 난다. 남중고도는 정
오에 뜬 태양의 높이를 말한다.
서울은 지리적으로 북위 $37°$ 선
에 있으므로, 지구 자전축이 기울

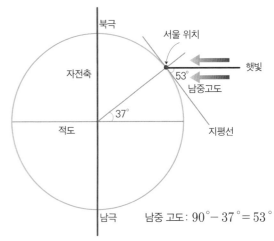

자전축이 지울어 지지 않은 경우

어지지 않았다면 1년 내내 남중고도는 $53°$가 되어야 한다.

하지만 자전축이 기울어져 있기 때문에 여름에는 태양의 남중고도가 $53°$보다 $23.5°$ 더 높아진 $76.5°$가 되고, 겨울에는 그 반대로 $29.5°$로 낮아진다. 여름에는 햇빛이 거의 수직에 가깝게 비추고 겨울에는 방안 깊숙이 들어올 만큼 낮은 각도로 완만하게 비추게 되는 까닭이다.

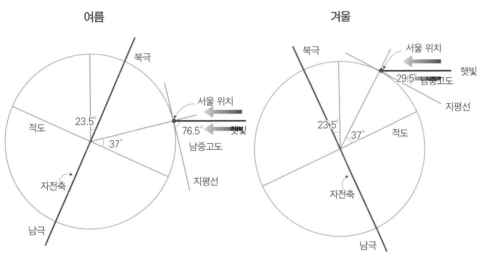

남중 고도 : $53° + 23.5° = 76.5°$ 남중 고도 : $53° - 23.5° = 29.5°$

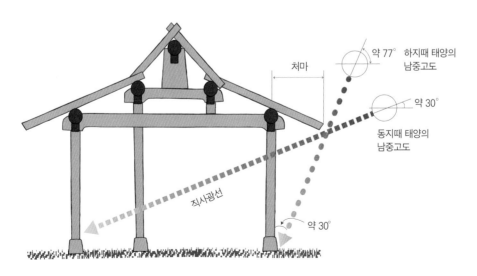

처마는 방안으로 들어오는 햇빛을 조절하기 위해 적절한 깊이를 유지하도록 만든다. 보통 그 깊이는 초석 윗면에서 처마 끝을 이은 선과 기둥 중심선이 이루는 각(처마각)과 관계가 있다. 이 각이 클수록 처마가 깊다고 할 수 있다. 한국 건축은 그 각도가 약 30° 정도이며, 우리나라 중부지방의 처마의 깊이는 대략 4자(약 120cm) 정도가 알맞은 것으로 알려져 있다.

한옥 지붕을 곡면으로 만든 까닭

그럼 비오는 날은 어떨까? 비오는 날 지붕의 주 역할은 떨어진 빗물을 서둘러 아래로 흘러보내야 한다. 우리나라처럼 집중호우가 많은 곳에서 빗물을 빨리 흘려보내지 못하면, 지붕으로 물이 스며들고 건물 안전에도 좋지 않다. 때문에 한옥의 지붕은 빗물이 스며들지 않고 빨리 흘러내려가도록 만들어진 우산처럼 경사가 지도록 해 놓았다.

방수처리가 잘 되어 있는 현대식 건물의 지붕도 자세히 살펴보면 약간의 경사가 있어 지붕에 물이 고이지 않도록 되어 있다. 물이 콘크리트벽체 사이로 스며들어 철근 등이 부식되지 않도록 하기 위함이다.

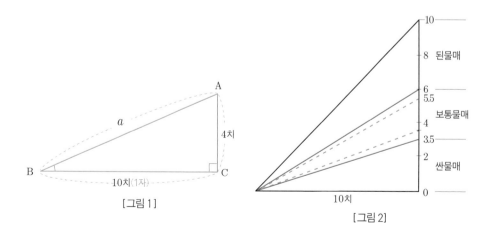

[그림 1]

[그림 2]

그렇다면 지붕이 기울어진 정도는 어느 정도가 되도록 해야 할까?

지붕의 기울어진 정도를 물매라고 하며 지붕의 경사가 급할 때는 된물매, 경사가 약할 때는 싼물매라고 표현한다.

[그림 1]에서 물매의 크기는 빗변의 길이(a)가 아닌, 각 B에 대한 탄젠트의 값 $\left(\dfrac{\overline{AC}}{\overline{BC}}\right)$을 말한다. 즉 직각삼각형의 밑변을 1자로 했을 때 이 밑변의 길이에 대한 높이가 바로 물매의 크기다. [그림 1]에서 지붕의 물매는 4치 또는 $\dfrac{4}{10}$와 같이 나타낸다.

보통 6치 이상의 물매를 된물매, 4치 이하의 물매를 싼물매로 여긴다. 물매의 크기가 크다고 해서 무조건 좋은 것은 아니다. 경사가 급한 나머지 기와가 떨어져 내리거나, 그 안을 채우는 내용물이 많아져 지붕이 무거워지는 등 안전에 문제가 될 수 있기 때문이다.

보통 물매에는 세 가지가 있다. 그림에서와 같이 처마물매, 마루물매, 지름물매가 그것이다. 처마물매는 보통 4치를 넘지 않도록 하며, 마루물매는 1자를 넘지 않도록 한다. 지름물매는 처마 끝과 중도리 끝을 직선으로 연결한 물매를 말한다. 지름물매는 6치 정도로 한다.

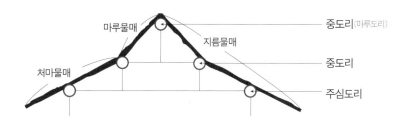

지름물매는 지붕의 높이와 경사면을 조절하는 것으로 집의 외관을 결정한다. 일반적으로 종교건축이나 궁궐의 중심건물의 기와물매는 민가의 물매보다 센 편이다.

그런데 지붕의 경사에 상관없이 기둥 밖으로 뻗어나간 처마의 길이가 같을 때, 경사가 급한 경우는 처마 깊이가 좁아지는 반면, 완만한 경우는 처마 깊이가 넓어지게 된다. 이것은 곧 지붕의 경사가 급한 경우에는 지붕에서 빗물이 내려가는 시간은 매우 짧아지지만 대신 처마 깊이가 좁아져 나무기둥에 빗물이 들이칠 가능성이 높아진다는 것을 의미한다.

이 문제를 해결하기 위해 선조들이 선택한 방법이란 바로 두 가지 경사의 지붕면을 결합시키는 것이었다. 용마루 쪽에서는 경사가 급하되, 처마 쪽에서는 완만한 경사가 지도록 한 것이다. 그런데 비오는 날 빗물의 양으로 따지면 용마루 쪽보다는 처마 부분에서 빗물의 양이 많아지므로 처마 부분의 경사를 더 급하게 해야 하는 것은 아닐까?

그런데도 선조들은 오히려 용마루 쪽의 경사를 더 급하게 했다. 왜 그랬을까? 그것은 지붕도 중요하지만 무거운 지붕을 지지하고 있는 나무기둥을 보호하려는 생각이 더 우선이었기 때문이다. 앞에서 이야기한 것처럼 처마 쪽 경사가 급해지면 나무기둥에 빗물이 들이치기 쉬워질 테니 말이다.

그런데 이것만으로 문제를 완전히 해결한 것은 아니다. 경사가 다른 두 지붕

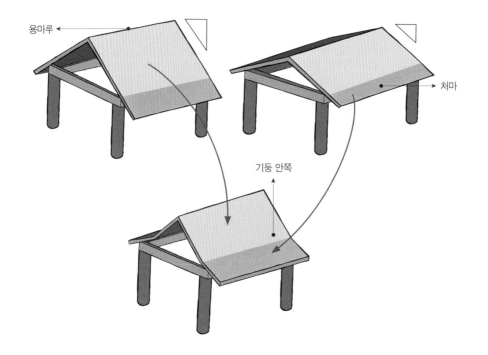

면이 만나는 각진 부분이 물의 자연스러운 흐름을 방해하기 때문이다. 강이나 하천을 살펴보면 물은 흐름을 방해하면 그것을 고치려 든다. 문제가 발생하면 지혜로 문제를 해결했던 선조들은 이 문제를 어떻게 해결했을까?

선조들이 선택한 지붕 곡면의 정체, 사이클로이드

선조들이 마지막으로 선택한 방법은 바로 부드러운 곡면을 만드는 것이었다. 이제 어떤 방해도 받지 않고 자연스럽게 빗물이 흘러 내려갈 수 있는 유연한 경사면의 지붕이 완성되었다. 여기에 암키와와 수키와를 번갈아 얹어 놓음으로써 비가 오면 유연한 곡면이 만든 기왓골의 곡선을 따라 자연의 법칙대로 빗물이 아래로 흐르도록 했다.

유연한 곡면

빗물이 흘러내리는 기왓골 곡선은 사이클로이드 곡선의 형태를 띠고 있다. 이 것은 조상들이 지혜를 모아 최적의 지붕 형태를 만들어가면서 빗물이 가장 잘 흘러내리는 곡선을 자연스럽게 발견한 것이라 할 수 있다. 사이클로이드에 대해 수학적, 과학적 정의 및 성질은 잘 모르지만 경험을 통해 이 곡선이 가진 성질을 파악하고 이를 구현한 셈이다.

사이클로이드는 바퀴라는 의미의 그리스어로, 원 위에 점을 하나 찍고 원을 직선 위에 굴렸을 때 그 점이 그리는 자취를 말한다.

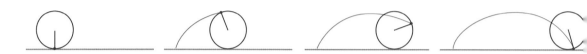

그렇다면 굳이 기왓골 곡선으로 사이클로이드 곡선을 구현한 이유는 무엇일까? 그 이유에 대해 알아보려면 직선, 사이클로이드, 원호(원의 일부)의 경사로로 만든 미끄럼틀 위에서 동시에 공을 굴려보는 실험을 해보면 바로 확인할 수 있다.

어느 경사로에 놓인 공이 더 빨리 내려갈까?

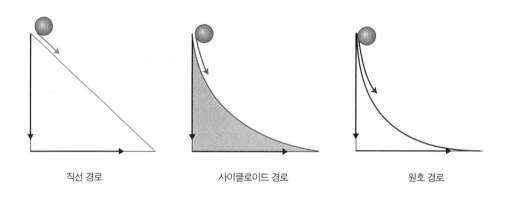

직선 경로   사이클로이드 경로   원호 경로

당연히 직선 경사로에 놓인 공이 경사로의 길이가 짧아서 가장 빨리 내려갈 것으로 생각할 수도 있다. 그런데 실험결과는 그렇지 않다. 신기하게도 직선도, 원호도 아닌 사이클로이드 경사로를 따라 내려간 공이 가장 빨리 내려간다.

이는 중력과 관련이 있다. 공이 사이클로이드 경로를 따라 굴러갈 때, 출발 후 얼마 안간 지점까지는 중력가속도가 큰 나머지 매우 빠른 속도로 P₁, P₂ 지점을 통과하고, 아랫부분의 완만한 지점에서조차도 관성에 의해 빠르게 내려가게 된다. 즉 사이클로이드 곡선 위의 각 지점에서의 속도는 모두 다르며 이에 따라 사이클로이드는 직선보다 더 먼 거리를 돌아가면서도

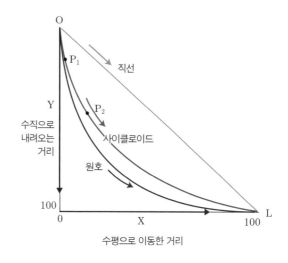

가장 빨리 도착하게 되는 것이다. 더 먼 거리를 돌아가는 원호의 경우에는 사이클로이드보다는 느리지만, 직선보다는 빨리 도착한다.

한마디로 사이클로이드는 '직선보다 빠른 곡선'인 셈이다. 사실 직선 경로는 '가장 빠른 경로'라기 보다는 '최단경로'일 뿐이다. 만일 매 지점마다 내려가는 속력이 같다면 분명히 길이가 가장 짧은 직선 경로를 따라 굴러가는 공이 가장 빨리 내려갈 것이다.

직선처럼 급하게 질러가지도, 그렇다고 너무 돌아가지도 않으면서 가장 빨리 도착점에 도달하는 가장 이상적인 경로! 선조들은 이 특별한 성질을 가지고 있는 사이클로이드를 단순히 멋을 내기 위한 것이 아닌, 수백 년에 걸쳐 한옥이 가진 취약점을 보완하는 과정에서 가장 적절한 모양으로 선택한 것이었다. 목조건물이기에 비가 왔을 때 빗물이 최대한 빨리 떨어지도록 해야 했던 조상들의 지혜가 발휘된 것이다. 이는 빗물이 빨리 흘러내리면, 기와 표면에 흐르는 빗물의 두께도 얇아져서 비가 그쳤을 때 더 빨리 마르기 때문이다.

한옥은 이렇듯 우리가 지닌 자연환경의 특성을 바탕으로 형성되었다고 볼 수 있다. 자연환경적 문제점을 해소하기 위해 지붕의 크기나 처마깊이, 지붕곡선을

건축적으로 조절함으로써 편하고 안전하게 생활할 수 있도록 한 것이다. 한마디로 한옥은 '자연환경에의 순응화'라 할 수 있으며 한옥을 다른 나라의 주택과 구분짓는 중요한 특성 중 하나라고 할 수 있다.

추녀가 만든 3차원 처마 곡선

한옥의 지붕에서는 지붕면에서 볼 수 있는 기왓골의 사이클로이드 곡선 외에, 한옥의 치명적인 우아미를 책임지고 있는 또다른 대표 곡선을 만나볼 수 있다.

추녀가 있는 한옥을 살펴보면 일직선의 곧은 처마선 대신, 새가 날개를 쫙 펴고 금방이라도 날아갈 것 같은 우아한 처마 곡선을 볼 수 있다. 처마 곡선은 처마의 끝이 이루는 선을 말한다. 실제로 이 곡선은 한옥의 아름다움을 얘기할 때 으뜸으로 치는 것이기도 하다.

우아한 아름다움을 뽐내는 처마 곡선은 언뜻 보기에 2차원의 굽은 곡선처럼 보이지만 실제로는 두 종류의 곡선 즉, 선이 안으로 휘어 있으면서 양끝 추녀가 살짝 치켜 올라간 3차원의 곡선이다. 그렇기에 평면에서는 이 곡선을 온전히 표현할 수가 없다. 도대체 선조들은 이런 3차원 곡선을 어떻게 한옥지붕에 구현할 수 있었을까?

이 곡선을 만드는 첫 번째 비결은 바로 지붕의 네 모서리 부분에 서까래보다 굵은 나무로 만든 추녀를 처마 중앙 부분의 서까래 길이보다 더 길게 빼는 것이

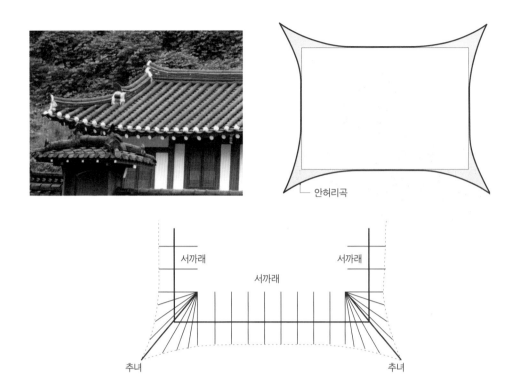

안허리곡

서까래   서까래   서까래

추녀   추녀

다. 그런데 여기서 서까래 길이를 모두 같게 하고 추녀의 길이만 길게 하여 빼면 부자연스러운 모양이 만들어지게 될 것이다.

그래서 추녀를 길게 뺀 다음 바로 양쪽 옆의 서까래를 처마 가운데 부분의 서까래보다 조금씩 길게 함으로써, 하늘에서 내려다보거나 추녀 바로 아래에서 올려다보면 추녀 부분에 비해 처마 가운데 부분이 상대적으로 안으로 휘어들어간 모양인 곡선 모양이 생기도록 했다(윗쪽그림 참조). 이 곡선을 안허리곡이라고 한다.

한편, 처마의 경사도를 그대로 유지한 채 서까래보다 훨씬 굵고 무거운 추녀를 길게 빼면 그 무게로 인해 모서리의 기둥이 점차 내려앉게 되어 지붕이 무너질 수도 있다. 또 바람의 영향을 많이 받게 될 것이다. 풍경을 건물 모서리에 매다는 것도 모서리에서 풍속이 빠르기 때문이다. 그렇다면 조상들은 이런 문제를

앙곡

추녀
서까래
갈모산방

어떻게 해결했을까? 그 해법이란 바로 추녀의 양쪽에 직각삼각형 모양의 갈모 산방을 설치한 다음, 추녀 근방에 있는 서까래가 처마의 중앙에 있는 다른 서까 래보다 더 치켜들어 올려진 형태가 되도록 설계한 것이다. 이는 정면에서 볼 때 양쪽 끝이 올라가는 또 다른 곡선이 생기는 결과를 낳았다. 이 곡선을 앙곡이라 한다.

이 안허리곡과 앙곡이 조화를 이루며 만들어진 것이 멋진 날개를 펴 날렵하게 솟아 날아갈 것만 같은 3차원적인 추녀 곡선이다.

추녀를 길게 뺐지만 끝이 올라가는 앙곡으로 인해 그만큼 모서리 기둥 하부가 더 많은 햇빛을 받을 수 있게 되었다. 이것은 곧 비가 그친 뒤에 빗물이 들이쳤 다고 하더라도 빨리 말릴 수 있다는 의미도 갖는다.

처마 곡선은 한국의 건축물에서만 볼 수 있는 것은 아니다. 서양 건물은 주로 벽체의 외관을 강조한 나머지 볼 수 없지만, 한국, 중국, 일본의 동양 건축에서 는 지붕을 매우 특별하게 여기기 때문에 흔히 볼 수 있다. 하지만 나라마다 지 붕의 모양, 특히 처마 곡선의 형태가 조금씩 다르다. 일본 전통 건축물은 처마가 거의 직선에 가까우며 끝만 살짝 들어 올린 모양인 반면, 중국 전통 건축물은 끝 부분이 날아갈 듯 하늘로 솟구쳐 있는 날카로운 곡선 모양을 하고 있다.

일본 나라 도다이지

중국 상해 예원의 호심정

　이에 비해 한옥의 처마 곡선은 확실히 이웃한 나라들에 비해 자연스럽고 부드러운 멋이 있다. 비례가 잘 맞고 우아하면서도 경쾌한 느낌의 곡선이다. 처마의 곡선뿐만 아니라, 용마루도 자세히 보면 살짝 부드럽게 휘어져 있다.

　자연스러우면서도 우아하고 경쾌해 보이는 이 곡선의 정체는 무엇일까? 그것은 바로 현수선이다! 현수선은 어떤 뛰어난 감각으로 아름답게 인공적으로 만들어낸 것이 아닌, 자연에서 찾아낸 조화로운 선이라 할 수 있다.

　두 사람이 긴 줄을 잡고 양쪽에서 같은 힘을 주어 최대한 팽팽하게 잡아당겨 보자. 아무리 세게 당겨도 분명 줄은 일직선을 이루지 않고, 약간이라도 아래로

현수선

처진 곡선이 될 것이다. 이 곡선이 바
로 현수선이다. 바로 이 현수선의 형
태에 가깝게 용마루 선을 만든다. 용
마루선이 우아하면서도 자연스러운
이유가 바로 여기에 있다.

한옥의 용마루

　양쪽에서 긴 줄을 조금 느슨하게
잡아당기면 그 모양이 이차함수의 그
래프인 포물선과 매우 유사하다. 농
구나 야구 경기장에서 던진 공이 날아가는 경로를 떠올려보자. 포물선은 물체
를 공중으로 던졌을 때 그 물체가 그리는 경로를 말한다. 때문에 공중으로 비스
듬히 던져 올린 물체가 그리는 경로가 포물선이라는 사실을 밝혔던 수학자이자
과학자였던 갈릴레이조차도 이 늘어진 줄의 모양인 현수선을 포물선이라고 믿
었다.

　포물선을 나타내는 일반적인 식은 이차함수 $y=ax^2+bx+c$ (단, a, b, c는 실수) 꼴
이며, 현수선을 나타내는 식은 $y=a\cosh\dfrac{x}{a}$ 의 꼴이다. 분명히 포물선과 현수선이
다르다는 것을 알 수 있다.

　그래프를 그려봐도 그 차이를 느낄
수 있다. 오른쪽 그래프는 $a=1$일 때
의 현수선 $y=\cosh x$의 그래프와 또
이 현수선과 가장 비슷해 보이는 포물
선 $y=x^2+1$을 그린 것이다.

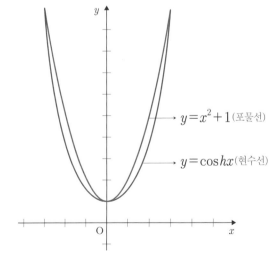

$y=x^2+1$ (포물선)

$y=\cosh x$ (현수선)

인체척도를 적용하다

여러 한옥들을 살펴보는 도중 문득 궁금점이 생겼다. 칸 수가 작은 초가삼간이 아담해 보이는 것은 당연하지만, 하물며 99칸 양반가도 사랑채, 안채, 별채 등 방의 크기가 지나치게 크거나 천정 높이가 필요 이상으로 높지 않다는 것이다. 곳곳이 적당히 크고 적당히 높으며 적당히 넓어 위압감이 전혀 느껴지지 않고 친근하다. 요즘의 아파트나 양옥에 비하면 오히려 아담하게 느껴질 정도다!

한옥에서 이런 느낌이 드는 것은 왜일까? 그것은 그 집에 살았던 사람이 욕심이 없고 겸손해서가 아닌 한옥 건축에 사용된 척도를 인체의 일부를 기준으로 정하고 생활방식을 고려하여 주거 공간의 높이나 폭을 정했기 때문이다.

근대 이전에 건축에서 사용했던 척도 단위는 리厘−푼分−치(촌)寸−자(척)尺−장丈의 순으로 그 길이가 10배씩 길어지는 영조척이다. 이 중에서 천장 높이, 방의 크기 등을 나타낼 때 가장 많이 사용되는 단위는 자(尺)다.

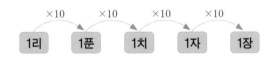

그렇다면 자(尺)는 인체의 무엇을 기준으로 했을까?

보통 1치寸는 손가락 마디가 모든 사람마다 비슷하다는 논리에 따라 그 길이를 기준으로 정했으리라 추정하고 있다. 이 1치의 10배 되는 길이를 1자(尺)라 하며 그 길이는 약 31센티미터(조선 세종 때의 영조척 1차≒31.22cm, 현재의 1자≒30.3cm) 정도 된다. 여기서 1자의 길이가 한 뼘의 길이 또는 팔목에서 팔꿈치까지의 상박 길이라는 이론이 있으나 확실치는 않다.

"6척 장신六尺長身, 4척 단신四尺短軀"이라는 말을 들어 본 적이 있을 것이다. 이것으로 보아 옛날에는 6자(약 186cm)를 큰 키, 4자(약 124cm)를 작은 키, 그 중간인 5자(약 155cm)는 평균키로 여겼음을 알 수 있다. 대략 170cm에 가까운 오늘날의 평균키에 비하면 5자는 작은 편에 속한다. 당시에는 사람이 사물의 크기를 눈높이에 맞추어 인식한다고 여겨 눈높이를 기준으로 하여 사람의 키를 판단한 것으로 보인다.

바로 이 인체척도가 방과 대청의 천장 높이에 적용되어 있다. 방과 거실의 높이가 동일한 요즘의 아파트와는 달리, 한옥의 방과 대청을 살펴보면 천장 높이가 다름을 금방 확인할 수 있다. 방은 주로 앉거나 누워서 생활하는 공간이고, 대청은 주로 앉거나 서서 생활하는 공간이므로 방과 대청의 천장 높이를 다르게 만들었다. 방의 천장 높이는 보통 7.5자(약 2m 33cm)인 반면, 대청의 천장높이는 10자(약 3m 10cm) 정도 된다. 방의 천장 높이 7.5자는 눈높이를 기준으로 서 있는 사람의 평균키 5자와 그 앉은 키 2.5자를 더한 것이며, 대청의 천장 높이 10자는 눈높이를 기준으로 서 있는 두 사람의 평균키를 더한 것으로 설정했다. 부엌은 어떨까? 부엌은 주로 서서 움직이는 곳이므로 천장 높이를 대청의 천장 높이에 맞추었다.

창호나 문을 낼 때 문이 열리는 것을 고려해 창호 한 짝의 기본너비를 성인 한 사람의 어깨 넓이와 비슷한 1.8자(약 56cm)로 했다. 문을 드나들 때 불편하지 않도록 하기 위함인 셈이다.

머름의 높이 또한 방이나 마룻바닥에서 1.5자 내외로 설정했다. 머름은 창턱이라고 이해하면 쉽다. 한옥에서는 창과 호(문)의 구분이 어려운데, 그 아래에 설치된 턱의 높이를 보면 창과 호를 구분할 수 있다. 창턱은 문턱에 비해

머름이 있는 한옥 방

높게 설치되는데, 이것을 머름이라 한다. 머름이 설치된 것을 일반적으로 창이라 여기면 된다. 바닥에서 1.5자는 좌식생활을 하는 우리나라 사람의 키를 고려한 높이로, 머름에 팔을 올리고 편하게 '마당쇠 게 있느냐~'하고 부를 정도에 해당된다. 또 사람의 자세와 의복이 흐트러지기 쉬운 여름에 창을 열어 놓고 생활하면서 머름의 높이로 인해 머름 아래의 사생활이 보장될 수 있다. 더불어 이 머름의 높이가 결정되어야 방안 가구, 특히 문갑의 높이가 결정되는데, 보통 머름의 높이보다 1치 정도 낮게 했다.

한편 면적의 단위로 사용했던 평坪은 사방 6자를 의미한다. 왜 하필 사방 6자를 면적의 단위로 삼았을까? 이 역시 인체를 기준으로 한 것이다. 성인의 평균키를 5자로 여겼기 때문에 5자보다 약간 큰 6자를 기준으로 한 사방 6자를 1평이라 한 것으로 보인다. 즉 1평은 한 사람이 대자로 누울 수 있는 공간인 셈이다.

자연에 순응하고 사람의 생활방식에 최적화되다.

이 땅에 집을 짓기 시작한 것은 적어도 5000여 년 전부터다. 그동안 많은 집이 지어졌고 사라졌지만 모두 같은 형태가 아니었다. 시대와 지역에 따라 당시의 자연환경과 그곳에서 사는 사람의 생활방식에 최적화된 모습으로 한옥의 모양도 계속 변화해왔다.

마찬가지로 오늘날을 사는 우리 또한 조선시대 한옥의 우수한 기능과 아름다움 속에 21세기의 달라진 자연환경과 문화를 담은 시대에 맞는 최적화된 새로운 한옥을 만들어 가야 하지 않을까? 즉 21세기의 한옥은 우리 그리고 우리의 사고와 생활을 담을 수 있어야 하며, 우리의 자연과 함께 나갈 수 있어야 한다.

민속마을을 돌아보며 21세기의 한옥의 모습을 떠올려보자. 조선시대의 한옥과 비교했을 때 지금의 자연환경과 생활환경을 담아야 한다면 과연 무엇을 변화시켜야 할까?

고분과 석탑에서
백제의 미를 엿보다!

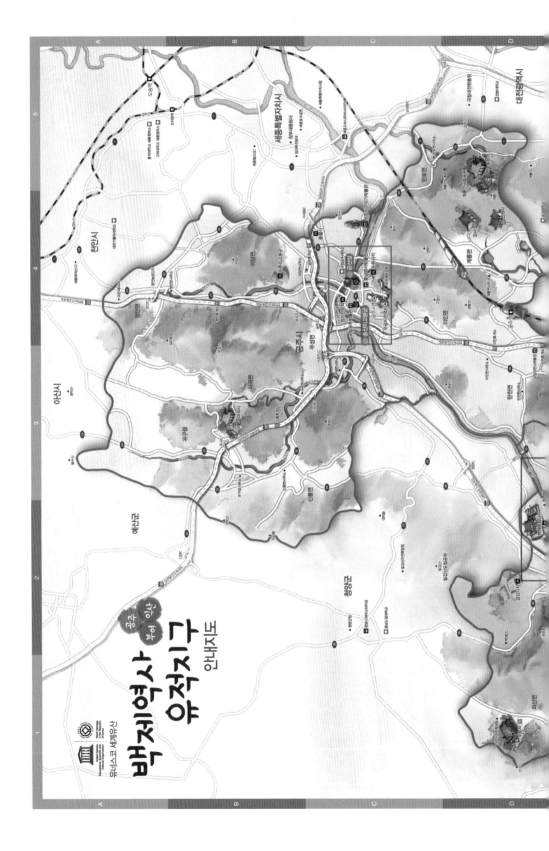

백제역사
유적지구
안내지도

유네스코 세계유산

백제는 기원전 18년부터 660년까지 약 700년간
존속한 한반도의 국가 중 하나다.
백제 역사유적지구는 백제의 도읍들과 연관된 백
제 후기(475~600)의 유산인 8개의 유적으로 구성
된 유네스코 세계문화유산이다.

웅진 왕도 관련 유적지(공주)
     : 공산성, 송산리고분군
사비 도성 관련 유적지(부여)
     : 관북리유적, 부소산성, 정림사지,
        능산리고분군, 나성
사비시대의 복도(復都)(익산)
     : 왕궁리 유적, 미륵사지

고분과 석탑에서 백제의 미를 엿보다!

2015년 우리나라에서 12번째로 유네스코 세계문화유산으로 등재된 곳이 바로 백제 역사유적지구이다. 마를 캐던 서동(백제 30대 무왕)과 선화공주의 사랑 이야기, 스스로 가족들의 목을 베고 황산벌 전투에서 장렬히 전사한 계백 장군 등 수많은 이야기가 전해 내려오는 백제. 백제 역사유적지구가 유네스코 세계문화유산으로 등재된 데는 여러 가지 이유가 있다.

국제기념물유적협의회(ICOMOS · 이코모스)는 백제 역사유적지구에 대해 '이 지구의 고고학 유적과 건축물은 한국, 중국, 일본의 고대 동아시아 왕국들 사이의 교류 증거를 보여주며, 그 교류의 결과로 나타난 건축기술의 발전과 불교의 확산을 보여주는 유산'이라고 인정하며 세계문화유산 등재를 권고했다.

또 '백제역사지구의 수도 입지 선정을 통해 백제의 역사를, 불교 사찰을 통해 백제의 내세관과 종교를, 성곽과 건축물의 하부구조를 통해 백제의 독특한 건축기술을, 고분과 석탑을 통해 백제의 예술미를 찾아볼 수 있다'며 백제 역사유적지구는 사라져간 백제 문화와 역사의 뛰어난 증거라고 높이 평가했다.

이는 세계유산 등재기준 10가지 항목 중 2항(오랜 세월에 걸쳐 또는 세계의 일정 문화권 내에서 건축이나 기술 발전, 도시 계획, 조경 디자인 등에 있어 인류 가치의 중요한 교류를 나타내는 증거)과 3항(현존하거나 이미 사라진 문화적 전통 또는 문명에 관해 독보적이거나 특출함을 보여주는 증거)을 충족했다는 것을 의미한다.

백제는 도읍의 변천에 따라 한성(현 서울) 시대, 웅진(현 공주) 시대, 사비(현 부여) 시대로 나눈다. 백제 역사유적지구는 678년의 백제사 중 후기 185년 동안 도읍지였던 웅진, 사비 지역의 유산 8곳을 묶은 것으로 충청남도 공주시와 부여군, 전라북도 익산시에 분포되어 있다(84~85쪽 지도 참조).

---

① 공주 공산성   ② 송산리 고분군   ③ 부여 관북리 유적   ④ 부소산성

⑤ 정림사지   ⑥ 나성   ⑦ 왕궁리 유적   ⑧ 미륵사지

이 중에서 공주 공산성은 백제의 도읍지였던 공주를 둘러싼 고대 산성이며, 공주 송산리 고분군과 부여 능산리 고분군은 백제 왕가의 무덤들로 이루어져 있다. 부여 정림사지와 익산 미륵사지는 백제를 대표하는 사찰터로 각각 국보로 지정된 정림사지 5층석탑과 미륵사지 석탑을 중심부에 품고 있다.

백제 역사유적지구는 영역이 넓어 하루에 다 돌아보기는 어렵다. 따라서 이번 여행에서는 고분과 석탑에 숨겨져 있는 백제의 미를 살펴보기로 하자. 이를 위해 백제의 대표적인 고분이라 할 수 있는 무령왕릉이 속해 있는 송산리 고분군과 석탑의 시원이라 할 수 있는 정림사지 5층 석탑 및 미륵사지 석탑을 둘러보고, 각 유적에 어떤 예술미가 담겨져 있는지 수학의 눈으로 살펴볼 것이다.

송산리 고분군 7호분의 주인을 찾다!

먼저 웅진시대의 왕실 무덤으로 알려져 있는 공주 송산리 고분군으로 출발해보자. 이곳 송산리 고분군은 문화체육관광부와 한국관광공사가 2017~2018 한국인이 꼭 가봐야 할 한국관광 100선에 선정한 곳이기도 한다.

무령왕릉

모형 전시관

정문

송산리 고분군 전경

　정문을 지나 길을 따라 걷다 보면 가장 먼저 송산리 고분군의 모형 전시관에 도착하게 된다. 전시관에서는 보존을 위해 송산리 고분군의 출입을 통제하는 대신 동일한 크기로 5~6호분과 무령왕릉을 정밀하게 재현해 놓았다. 실제 송산리 고분군은 모형 전시관을 나와 뒤쪽으로 걸어 올라가야 볼 수 있다.

　공주와 부여에는 백제의 고분이 무리를 이루며 자리 잡고 있는데, 규모로 보아 왕릉급으로 짐작된다. 하지만 안타깝게도 그 주인을 알 수 있는 무덤은 없었다.

　그런데 1971년에 백제사 연구에 있어서 아주 중요한 발굴이 이루어졌다. 비로소 한 기의 고분이 그 이름을 찾게 된 것이다. 능 안의 지석誌石을 통해 밝혀진 이 무덤의 주인은 무령왕이었다.

7호분인 무령왕릉이 발굴되기 전까지는 능의 주인을 알 수 없는 까닭에 1호분, 2호분, …과 같이 번호를 매겨 능들을 구분해왔다. 하지만 이들 번호가 능의 축조 시기 순서를 뜻하는 것은 아니다. 6호분과 무령왕릉에 대해서는 6호분이 먼저 축조되었을 것이라는 주장과 무령왕릉이 먼저 축조되었을 것이라는 주장이 엇갈려 아직까지도 의견일치를 보지 못하고 있다.

이 고분들은 형태에 따라 굴식돌방무덤과 벽돌무덤으로 구분한다. 돌로 널방(묘실)을 만들고 천장을 돔 형태로 쌓는 굴식돌방무덤은 백제가 전통적으로 사용했던 방식으로 1~5호분이 여기에 해당된다. 6호분과 7호분인 무령왕릉은 벽돌무덤으로 터널형 널방 앞에 짧은 터널형 널길이 있다. 이 양식은 황하나 양자강 유역의 황토가 많이 나는 중국 남조의 영향을 받은 것이라 한다. 황토보다 화강암이 많은 백제 땅에서는 돌로 무덤을 만드는 것이 더 수월했을 테니 말이다.

무령왕릉은 5호분과 6호분 사이에 위치해 있으며, 무령왕(재위 501~523년)과 왕비가 합장된 능이다. 이 능은 5호분과 6호분의 배수로 공사 중 우연히 발견되었는데, 다행히도 도굴을 피하여 1500년 전의 모습을 그대로 간직한 채 우리 앞에 나타났다.

5호분 모형 내부

6호분 모형 내부

5호분과 6호분

이제 송산리고분군의 모형 전시관 안으로 들어가 보자.

백제고분의 최초 발굴조사는 일제강점기인 1920년대에 이루어졌다. 그 후 본격적으로 조사하게 된 것은 무려 50여 년이나 지난 1970년대로, 백제의 역사와 문화를 추정할 수 있는 부장품들이 거의 남아 있지 않아 큰 아쉬움을 남겼다.

전시관 안에서는 백제 주요 왕들의 행적들을 정리해 놓은 것을 볼 수 있다. 아마도 이 왕들 중 1호분에서 6호분까지의 주인이 있을 수도 있으니 그냥 지나치지 말고 꼭 읽어보고 넘어가기를 추천한다. 백제사의 이해에 많은 도움이 될 것이다.

처음 만나는 무덤 모형은 5호분이다. 앞에서 언급했듯이 5호분은 굴식돌방무덤이다. 이는 구릉 남쪽의 경사면을 파고 들어가 할석(자연돌을 적당한 크기로 깬 돌)으로 널방을 만들고 천장을 돔 형태로 쌓아 만든 무덤이다.

모르타르가 없던 시대에 돌들끼리의 힘에 의지하여 낱장의 돌을 쌓아 올리면서 둥그런 천장을 만드는 것은 여간 어려운 일이 아니었을 것이다. 힘의 균형이 조금만 어긋나도 돌들이 안쪽으로 쏟아져 내릴 것이기 때문이다. 이것만 보아도 우리 선조들이 능의 형태를 설계하고 돌을 다룸에 있어서 얼마나 탁월한 기술을 갖고 있었는지를 짐작할 수 있다.

5호분과 달리 6호분은 돌을 사용하지 않고, 크기와 모양이 다양한 벽돌을 쌓아 조성한 '터널형 벽돌무덤'이다. 내부를 들여다보면 바닥면이 직사각형인 1개의 널방이 있으며, 널방의 벽면에는 고구려 무덤에서 볼 수 있는 사신도를 그려 넣은 것이 가장 큰 특징이다.

그런데 5호분과 달리 벽돌을 쌓는 방식이 다소 특이하다. 5호분은 얇게 깬 돌을 가로로만 눕혀 쌓아 조성했지만, 6호분은 몇 개의 벽돌을 가로로 눕혀 깔다가 다시 한 줄은 세로 쌓기를 반복하는 방식으로 벽면을 구성했다. 벽돌을 가로로 눕혀 쌓는 방법을 길이모쌓기, 세로로 쌓는 방법을 작은모쌓기라 한다.

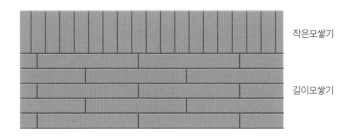

작은모쌓기

길이모쌓기

　벽돌 쌓기 방식 및 바닥에서부터 쌓은 벽돌의 개수를 세어 보면 재밌는 것을 발견할 수 있다. 길이모쌓기와 작은모쌓기를 한 세트로 하여 10+1, 8+1, 6+1, 4+1 방식으로 벽돌을 연속하여 쌓아올렸다는 것을 발견했는가? 이것을 차례로 10평1수, 8평1수, 6평1수, 4평1수 쌓기방식이라 한다. 이와 같이 벽면을 구성한 후 길이모쌓기로 둥근 천장의 모습을 완성해가는 과정에서는 천장의 가장 높은 곳 1열과 그 좌우로 중간쯤 되는 부분에 각각 1열씩 작은모쌓기를 했다.

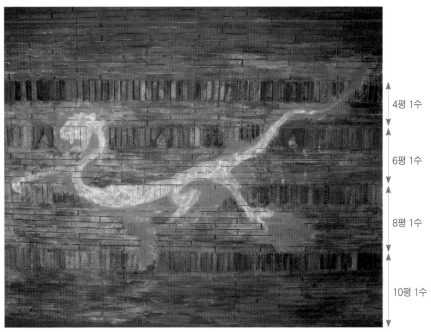

4평 1수

6평 1수

8평 1수

10평 1수

6호분 내부

만일 벽면을 만들 때 5호분처럼 길이모쌓기로만 벽돌을 쌓았다면 어땠을까? 안정감은 있어 보이지만 6호분에 비해 우아하고 고귀한 느낌이 들지 않았을 듯하다. 또 작은모쌓기만으로 쌓았다면 어땠을까? 약한 지진이

6호분 북벽 둥근 천장의 모습

라도 발생하여 한 개의 벽돌이 아래로 빠지기라도 하면? 1500년이 지난 지금뿐만 아니라 미래에도 그 흔적조차 찾아볼 수 없는 상상조차도 하기 싫은 일이 일어날 수도 있다.

이것으로 보아 6호분의 쌓기 방식은 벽을 견고하게 하여 안정감을 줌은 물론, 쌓은 벽돌 자체가 무늬를 나타내는 효과를 발휘해 고귀하고 우아해 보이기까지 한다.

사실 이 방식은 당시 교류가 활발했던 중국 남조 지배층의 무덤 양식의 영향을 받은 것이지만 3평1수만으로 쌓은 중국 남조의 것과는 차이가 있다. 이것은 곧 백제인들만의 방식으로 새로운 예술미를 창조한 것이라 할 수 있다.

이렇게 정성들여 만든 6호분의 주인은 누구였을까? 궁금증과 더불어 그 주인을 알았을 때 확인할 수 있는 역사적 사실들을 확인할 수 없어 많은 아쉬움이 더해진다.

7호분, 무령왕릉

이번에는 모형으로 꾸며놓은 무령왕릉으로 들어가보자.

머리를 숙이고 널길을 통과하여 들어가 살펴본 구조는 6호분과 매우 흡사하다.

무령왕릉은 6호분과 같은 터널형 벽돌무덤이다. 널방은 남북 방향의 길이가

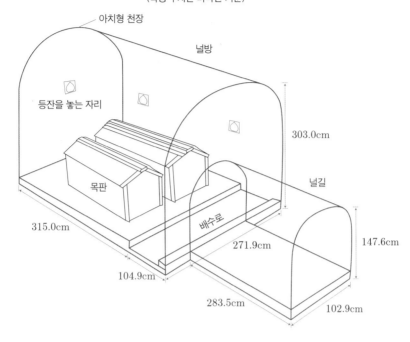

무령왕릉 구조

(측정 수치는 바닥면 기준)

아치형 천장

널방

등잔을 놓는 자리

목판

303.0cm

널길

315.0cm

배수로

271.9cm

147.6cm

104.9cm

283.5cm

102.9cm

4.2m, 동서 방향의 폭이 2.7m인 직사각형으로, 길이와 폭의 비율이 약 1.56이다. 이것은 금강비율 1.414와 황금비율 1.618 사이의 값으로, 널방이 조화롭고 균형감이 느껴지는 데에는 다 이유가 있다.

능의 주인인 무령왕은 서기 501년부터 523년까지 웅진시대를 이끈 4명의 임금 중 마지막으로 왕위에 오른 인물이다. 〈삼국사기〉에서는 무령왕에 대해 "신장이 8척이요, 얼굴이 그림과 같으며 성품이 인자하고 너그러워 민심이 귀부歸附하였다"라고 적혀 있다. 무령왕은 내치와 외교 양쪽에서 두루 뛰어난 업적을 남긴, 한마디로 외모도 잘생기고 인품도 훌륭해 백성들이 존경해 마지않은 멋진 임금이었다.

이런 왕의 통치를 받은 백성들이라면 왕이 승하한 후 어떤 무덤을 만들려고

했을까? 아마도 가장 특별하면서도 품격을 갖춘 무덤을 만들고 싶어 했을 것이다.

여기서 그의 백성들이 택한 방법이란 일반 돌무덤이 아닌 정성들여 구운 벽돌을 사용하여

무녕왕릉 아치의 작은모쌓기에 사용된 사다리꼴 벽돌. 두 면을 합쳐야 한 송이의 연꽃이 된다.

건축적으로나 예술적으로 뛰어난 무덤을 꾸미는 것이었다. 고운 흙을 골라 직사각형이나 사다리꼴 형태로 모두 28종의 벽돌을 만들었으며 무령왕이 다시 태어나기를 바라는 마음에서 벽돌에는 연꽃 무늬를 넣었다.

백제인들은 '죽음이란 단순히 이승과의 작별이 아닌 저승에서 다시 태어나기 위한 과정'이며 '무덤은 죽은 자가 누워 있는 공간이 아니라 저승에서 태어날 시간을 기다리는 대기실'이라 생각했다. 그래서 살아 있을 때의 왕궁처럼 등불을 켜 무덤 안을 환하게 밝혔으며 무덤 안의 공기를 환기시킨다는 의미로 창문도 만들었다.

그래서일까? 백제인들은 부활할 시간을 기다리는 왕의 시신을 일본에서만 자라는 금송 목관에 안치하여 보호했으며 왕비가 애지중지하던 팔찌는 물론, 중국에서 새로 보내온 도자기와 같은 갖가지 장식품과 생활도구를 함께 묻었다. 실제로 능에서는 모두 4000여 점의 유물이 출토되었다. 국립공주박물관에서 전시하고 있는 이 출토유물 가운데는 여러 점의 중국제 청자도 포함되어 있으며 관은 일본산 금송으로 판명돼 당시 무령왕이 중국·일본 등과 활발하게 교류한 사실을 알 수 있다.

무령왕릉 아치 천장은 어떻게 1500년을 버텨냈을까?

벽돌 쌓는 방식을 살펴보면 5호분과 달리, 널방과 널길의 벽을 연화문蓮花文 벽

돌로 바닥에서부터 모두 4평1수로만 통일되게 쌓아올린 것을 확인할 수 있다.

이번엔 고개를 들어 천장을 바라보자. 감탄사가 저절로 나올 것이다. 6호분과 마찬가지로, 평면이 아닌 곡면의 아치형으로 이루어진 것이 보인다. 분명 위에서 누르는 흙의 압력으로 쉽게 천장이 무너질 수도 있을 텐데 무려 1500년이 넘는 긴 세월 동안 무너지지 않고 버텨온 것이다.

6호분과 무령왕릉의 아치형 천장이 1500년이 넘는 긴 시간 동안 무너지지 않은 비결은 도대체 무엇일까?

이를 위해 조상들이 생각한 비결은 너무나 단순한 것이었다. 그것은 바로 단면이 사다리꼴인 사각뿔대 형태의 벽돌을 사용한 것이다.

무령왕릉에 사용된 벽돌의 종류는 모두 28가지다. 널방과 널길의 위치, 벽면, 천장 등의 위치에 따라 크기와 형태가 다른 벽돌을 사용했으며 그중 사각뿔대 벽돌은 주로 곡면을 이루고 있는 천장을 만들 때 사용되었다.

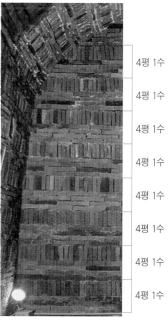

조상들은 사각뿔대의 크기가 다른 두 밑면 중 크기가 작은 면이 널방 내부에서 보이도록 벽돌을 쌓아 아치형 천장을 만들었다. 다음 그림은 천장 아치에 사용된 사각뿔대 벽돌 중 한 가지를 나타낸 것이다.

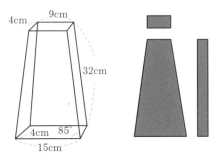

가로, 세로의 길이가 각각 9cm, 4cm인 크기가 작은 면이 널방에서 보이도록 아치를 만들면, 널방과 널길 위에 쌓은 봉분의 흙이 가진 하중과 벽돌의 무게를 합한 크기의 중력이 지구의 중심 방향으로 작용한다.

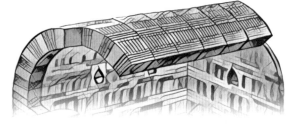

둥근 천장의 모습

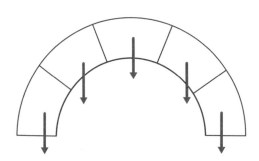

아치형 천장이 중력에 굴하지 않고 오랜시간 동안 굳건히 버텨낸 비결은 힘의 합성 및 분해와 관련이 있다. 모든 벽돌에 하중으로 인한 중력이 작용함에도 불구하고 아치형 천장이 1500년 동안이나 무너지지 않은 원리는 다음과 같다.

한 물체에 대해서 두 가지 힘이 동시에 작용할 때, 이 두 힘에 의해서 나타나는 힘의 결과를 힘의 합성, 즉 합력이라 한다. 두 힘이 같은 방향으로 작용하면 물체는 두 힘을 합한 것만큼의 힘을 받으며, 줄다리기 상황과 같이 서로 반대방향으로 작용하면 물체는 큰 힘의 방향으로 큰 힘에서 작은 힘을 뺀 만큼의 힘을 받는다.

힘의 합성과 분해는 벡터를 이용하여 나타내면 보다 쉽게 이해할 수 있다. 두 가지 힘을 각각 벡터 $\vec{a}$, $\vec{b}$로 나타내면 두 힘의 결과인 합력은 아래 그림과 같이 각각 $\vec{a}+\vec{b}$, $\vec{b}-\vec{a}$로 나타낼 수 있다. 이때 벡터의 크기(선분의 길이)는 힘의 크기에 비례하여 나타낸다.

그런데 두 힘의 방향이 같지 않거나 서로 반대방향이 아닐 경우에 물체는 두 힘이 나타내는 벡터를 두 변으로 하여 구성한 평행사변형의 대각선 방향으로 그 벡터의 크기만큼의 힘을 받는다.

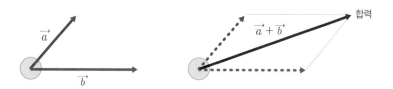

한편 힘의 합성과 반대로, 물체에 작용하는 힘을 같은 효과를 갖는 2개 이상의 힘으로 분해할 수도 있다. 이때 분해된 힘을 원래 힘의 분력이라 한다.

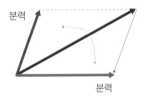

이러한 원리에 따라 천장 아치에서 하중으로 인해 각 벽돌에 생긴 중력은 각각 아치의 호 방향을 따라 2개의 분력으로 분해되어 작용하게 된다. 이때 발생한 분력들은 각 벽돌을 미는 힘으로 작용하게 되며, 이 힘의 균형이 깨지면 아치가 무너진다.

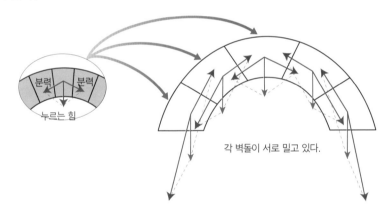

각 벽돌이 서로 밀고 있다.

여기서 각 벽돌이 서로 미는 힘만으로 중력을 버텨낸 데는 또 다른 힘이 발생하기 때문이다. 양쪽 옆의 두 벽돌에서 가운데 낀 벽돌을 미는 2개의 반력으로 인해 또 다른 합력이 생기게 되며, 이 합력이 하중으로 인해 생긴 중력과 그 크기가 같아 이 두 힘은 서로 평형을 이루게 된다.

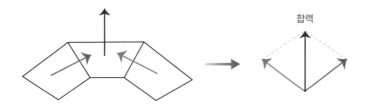

무령왕릉의 천장이 무너지지 않은 것은 이 평형이 깨지지 않고 잘 유지된 데 있다. 아치형 천장은 웬만큼 위에서 누르는 힘으로는 쉽게 무너지지 않는다. 반대로 안에서 밖으로 힘을 주어야만 비교적 쉽게 무너뜨릴 수 있다.

조상들은 천장을 완성하며 사각뿔대 벽돌과 더불어, 벽돌과 벽돌 사이에는 진흙이나 석회를 메워 안전성을 추구했다.

무령왕릉 아치형 천장에 사용된 두 종류의 사각뿔대 벽돌

눈썰미가 좋은 사람이라면 천장 아치에 사용된 벽돌이 한 종류가 아닌 것도 발견할 수 있을 것이다. 가로, 세로의 길이가 각각 9cm, 4cm인 면을 가진 사각뿔대 벽돌 사이에 두께가 2.5~3cm 가량 되는 길이모쌓기의 기다란 벽돌이 4평1수 방식과 3평1수 방식으로 쌓여 있는 것이 보이는가? 벽이라면 모를까, 천장까지 4평1수, 3평1수 방식을 적용한 것으로 보아 백성들이 얼마나 정성을 기울였는지 짐작할 수 있다.

만일 6호분의 천장 아치처럼 거의 한 종류의 벽돌을 사용했다면 어땠을까?

무령왕릉의 천장은 그 단면이 거의 반원에 가깝다. 가로, 세로의 길이가 각각 9cm, 4cm인 크기가 작은 면이 있는 사각뿔대 벽돌만을 사용하여 반원에 가까운 아치를 만들면 아래 그림과 같이 기름이 1.6m에 가까운 다소 좁은 널방이 만들어지게 된다.

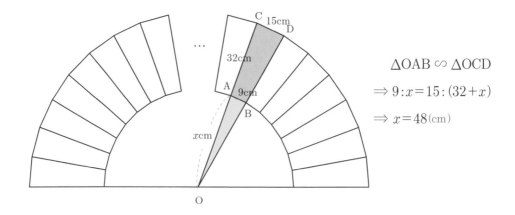

$\triangle OAB \backsim \triangle OCD$

$\Rightarrow 9 : x = 15 : (32+x)$

$\Rightarrow x = 48\text{(cm)}$

이것은 곧 왕과 왕비를 함께 모신 실제 널방의 폭이 2.7m인 것을 감안할 때 1.6m 정도의 폭으로는 두 분을 나란히 모시기에 매우 협소하다는 것을 의미한다.

그렇다면 널방의 폭을 넓힐 방법을 찾아야 할 것이다. 이를 위해 백제의 건축가들이 찾

은 방법은 또 다른 종류의 사각뿔대 벽돌을 중간에 추가시킨 것이었다.

무령왕릉 천장은 6회의 4평1수, 6회의 3평1수, 1회 1수(중앙) 방식으로 벽돌을 쌓아 완성하였다.

천장의 4평1수, 3평1수 벽돌쌓기 방식에서 1수에 해당하는 벽돌은 한 면의 가

로, 세로 길이가 9cm, 4cm인 사각뿔대 벽돌을 사용하였으며, 4평, 3평에 해당하는 벽돌은 아래 그림과 같이 한 면의 가로, 세로의 길이가 32cm, 2.5cm인 사각뿔대 벽돌과 직육면체 벽돌을 사용했다. 이로 인해 아치의 호가 훨씬 길어지는 효과를 얻을 수 있었다.

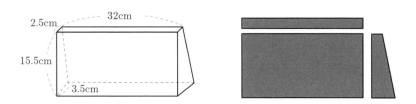

  이것은 곧 널방의 폭이 넓어져 왕과 왕비의 관을 놓기에 충분한 공간을 만들 수 있다는 것을 의미한다.

  놀라움을 금할 수가 없다. 백제의 건축가들이 널방의 폭을 감안하여 아치 천장의 곡률을 계산했으며 이에 맞추어 벽돌을 사용했다는 것을 짐작할 수 있으니 말이다.

  이것으로 보아 축조 당시부터 치밀한 계산 하에 제작했으며 당시 건축술은 상당히 정교한 수준이었음을 알 수 있다. 또 묘실의 폭이 넓은 만큼, 넓은 천장을 보다 견고하게 하기 위해 벽돌과 벽돌 사이에 콘크리트 효과를 지닌 진흙이나 석회를 발라 넣어 사용했다.

  이렇게 존경해 마지않는 무령왕이 부활하기를 바라는 백성의 염원을 담아 붉은색 연꽃 무늬가 가득한 왕릉이 완성되었던 것이다. 6호분과 무령왕릉은 수학적 지식과 이를 응용한 공학적 이해가 없으면 불가능하다. 사각뿔대 벽돌의 사용과 독특한 쌓기 방식으로 안정성과 예술성을 보인 백제인들의 지혜를 느끼게 된다.

  이 왕릉의 발견으로 백제문화 및 미술의 높은 수준과 묘지석을 통해 그 확실한 연대를 알게 되면서 한국고대사와 동아시아의 역사를 올바르게 표기할 수 있는 유용한 지표가 되었다.

무령왕릉을 살펴보았다면 무령왕릉에서 출토된 유물들이 전시된 국립공주박물관을 그냥 지나칠 수 없다. 박물관에는 왕비의 신체 일부분도 전시되어 있다. 이와 같은 사실과 상상력을 더해 관람한다면 더 흥미로운 시간이 될 것이다.

백제의 대표적인 사찰 터 정림사지

이제 발길을 돌려 또 다른 백제의 미를 엿볼 수 있는 정림사지 5층석탑을 보러 가 보자. 이 탑을 보기 위해서는 부여의 중심에 위치한 정림사지 박물관으로 가야 한다. 정문을 통과하면 정면에 박물관 건물이 보이고, 왼쪽으로는 멀리 정림사지가 보인다.

먼저 정림사지를 둘러보고 박물관을 돌아보아도 되지만, 박물관을 먼저 보는 것이 정림사와 5층석탑에 대한 이해를 높일 수 있어 박물관을 먼저 돌아볼 것을 추천한다.

박물관은 크게 백제불교전시관과 정림사지관으로 나뉘어 있다. 백제불교전시관에서는 불교의 전파 경로, 가람의 배치, 불상 및 석탑과 관련한 자세한 정보를

정림사지

볼 수 있다.

흔히 인도와 중국을 '전탑의 나라', 한국을 '석탑의 나라', 일본을 '목탑의 나라'라고 부른다. 우리나라를 석탑의 나라라고 하는 이유는 질 좋은 화강암이 풍부한 자연적 조건과 일찍부터 돌을 다루는 기술이 발달하여 다른 어느 나라보다 석탑의 비율이 높기 때문이다.

우리나라에서 석탑이 만들어지기 시작한 것은 삼국 시대 말기인 600년경으로 추정된다. 불교가 전래된 4세기 후반부터 6세기 말엽까지 약 200년 사이에는 목탑을 주로 건립했고, 목탑을 쌓으면서 갖게 된 기술과 경험을 바탕으로 석탑을 만들게 되었다.

석탑하면 가장 먼저 신라의 석탑인 석가탑과 다보탑을 떠올리는 사람들이 있지만, 사실 석탑을 제일 먼저 세운 나라는 백제로 알려져 있다. 백제 때 건조된 석탑으로 현존하는 대표적 석탑은 부여의 정림사지 5층석탑과 익산의 미륵사지 석탑 2기다. 두 탑 중 미륵사지 석탑은 재료로 돌을 사용했을 뿐 그 양식은 목탑을 그대로 모방한 것으로 추정되는 반면, 정림사지 5층석탑은 목탑의 양식을 벗어나 석탑이라는 독자적 양식을 구축한 탑으로 역사적 가치가 매우 우수하다고 인정받고 있다. 정림사지 5층석탑은 미륵사지 석탑을 건조한 이후에 만들어진 것으로 추정된다.

백제시대에 건립된 대부분의 사찰은 금당 앞뜰에 거대한 목탑을 두는 가람배치였다. 금당은 본존불을 안치하는 가람의 중심 건물을 말한다. 이때 목탑을 크게 건조한 탓에 금당 앞뜰의 공간이 그다지 넓지 못했다. 최초의 석탑인 미륵사지석탑은 사찰의 가운데에 목탑을 건립하고 양쪽으로 석탑을 두는 공간 구조로 되어 있다.

이에 반해 정림사는 기존의 가람배치 방식을 따르지 않고 탑이 차지하는 공간을 최소화시켜 공간을 확보하는 큰 변화를 보였다. 그러면서도 직사각형 금당 앞마당의 두 대각선이 교차하는 곳에 탑을 위치시켜 넓은 공간에서도 탑에 사람의 시선이 집중되도록 하는 건축 기법을 사용했다.

정림사지관으로 발길을 옮기면 정림사의 모형을 볼 수 있으며 정림사가 갖는 의의와 가치를 역사적, 미술사적인 측면으로 나누어 설명하고 있다. 정림사 복원 모형은 아주 정교하게 만들어져 있어서 정림사지를 둘러볼 때에 많은 도움이

미륵사지 배치도

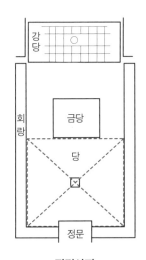

정림사지

된다. 또 정림사지 5층석탑의 구조, 비례 등에 관한 자세한 설명도 볼 수 있다. 정림사는 백제가 사비성(부여)으로 도읍을 옮긴 시기(538~660)의 중심사찰이었던 것으로 추정된다

석탑의 각 층의 높이와 너비는 어떻게 정할까?

이제 박물관에서 나와 정림사지로 걸음을 옮겨보자. 다소 황량해 보일 수 있는 탁 트인 공간에 망국의 설움을 온몸으로 견뎌온 5층석탑을 볼 수 있다. 무려 1500년이 넘는 세월을 견뎌온 탑이라고는 믿을 수 없을 만큼 기적적으로 크게 훼손되지 않은 채 균형감을 은은하게 뽐내고 있다. 유홍준 교수는 《나의 문화유산답사기》 3권에서 이 석탑에 대해 '아침 안개 속의 정림사탑은 엘리건트^{elegant}(우아한)하고, 노블^{noble}(웅장한)하며, 그레이스^{grace}(우아함, 품위)한 우아미의 화신'이라고 극찬했다.

유홍준 교수의 극찬이 개인적인 느낌만을 강조한 것은 아니다. 석가탑, 다보탑과 마찬가지로 정림사 석탑은 다양한 미감을 나타내는 석탑으로 많은 사람들에게 알려져 있다. 탑에 있어서 이러한 미감을 표현하는 요소 중 하나로 탑에 적용된 체감률을 들 수 있다.

체감률이란 각 층의 지붕 돌이 어느 정도의 비율로 작아지는지를 나타내는 수치를 말한다. 탑의 형태를 정할 때 탑을 바라보는 사람의 입장에서 안전하면서도 아름답게 느낄 수 있도록 하는 체감률을 적용하는 것이 매우 중요하다. 나아가 이러한 체감률의 적용은 탑의 구조적 안정성을 나타내기도 한다.

사람들이 자주 언급하는 탑들 또한 안정되고 아름답게 보이도록 하는 체감률이 적용되어 있는 경우가 많다. 이것은 곧 일정한 수학적 비례를 적용하여 탑들을 축조했다는 것을 의미한다.

그렇다면 백제의 대표적인 석탑인 정림사지 5층석탑에는 어떤 수학적 비례가

적용되어 있는 걸까? 이를 알아보기 위해 무엇을 기준으로 하여 수학적 비례 구성을 했는지 그 기본척도에 대해 알아보기로 하자.

사실 정림사 5층석탑뿐만 아니라, 우리나라 탑의 건립에 있어서 기준이 된 가장 중요한 요소는 지대석의 크기이다. 지대석은 석탑의 가장 아래 부분, 즉 땅과 닿는 부분의 석재를 말한다. 사찰에서는 지대석의 크기에 따라 탑의 높이와 너비를 결정하고 나아가 그 크기를 사찰 건립의 기본단위로 설정하기도 하였다.

그림 (a)는 정림사지 박물관에 전시된 5층석탑의 비례구성을 나타낸 것으로, 자세히 살펴보면 기본척도로 쓰인 길이가 바로 7척임을 알 수 있다. 이 탑의 건립에 쓴 자[尺]는 1척(1자)의 길이가 약 35cm 정도인 '고려척'으로, 지대석 너비는 14척(약4.9미터)이고, 그 절반인 7척이 탑 건립의 기본척도로 쓰였다.

아이러니하게도 이것을 측량한 사람은 일본인 건축학자 요네다 미요지米田美代治였다.

그림 (a)에 따르면 1층 탑신과 1층 지붕돌을 합한 높이가 7척이며, 1층탑의 너비 역시 7척, 기단부 높이는 7척의 반인 3.5척, 기단 너비는 7척에서 3.5척을 더한 10.5척이다. 1층 탑신부에서 상륜부까지의 전체 높이는 지대석 너비 14척의 2배에 해당한다. 각 층 탑신의 너비

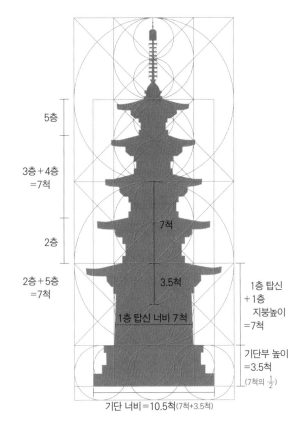

(a) 정림사지 5층석탑 비례구조

및 높이 또한 7척을 기준으로 구성되어 있다. 이것으로 보아 5층석탑이 매우 수리적이며 정교한 체계에 따라 계산되고 설계되었음을 알 수 있다.

정림사지 5층석탑의 등차수열 비례 구성

이제 이 정림사지 5층석탑에 어떤 수학적 비례가 적용되어 있는지 알아보기로 하자.

보통 5층석탑과 7층석탑의 경우 1층부터 위로 올라갈수록 각 층의 탑신 너비를 등차수열[1]을 이루도록 설계함으로써 다음과 같은 구성을 이루는 것들이 많다.

5층탑	(1층 탑신 너비)+(5층 탑신 너비) =(2층 탑신 너비)+(4층 탑신 너비) =(2×3층 탑신 너비)
7층탑	(1층 탑신 너비)+(7층 탑신 너비) =(2층 탑신 너비)+(6층 탑신 너비) =(3층 탑신 너비)+(5층 탑신 너비) =(2×4층 탑신 너비)

이와 같이 각 층의 탑신 너비가 등차수열을 이루도록 하는 구성 방식을 적용한 예는 경주 남산 탑골 부처바위 마애조상군에 새겨져 있는 신라 7층탑 등 여

---

1) 등차수열은 이전 항에 차례로 일정한 값(공차)을 더하여 만들어진 수열을 말한다. 만일 5개의 수 a_1, a_2, a_3, a_4, a_5가 등차수열을 이룰 때, a_1의 값이 a, 공차가 d이면 $a_1=a$, $a_2=a+d$, $a_3=a+2d$, $a_4=a+3d$, $a_5=a+4d$가 된다. 이때 $a_1+a_5=a_2+a_4=3\times a_3=2a+4d$로 모두 같은 값이 된다.

러 탑에서도 찾아볼 수 있다. 이것은 당시 건축 기술자들이 각 층의 탑신과 지붕돌의 너비 및 높이를 정할 때 등차수열의 구성방식에 능숙해져 있었다는 것을 말한다.

그렇다면 정림사지 5층석탑에도 등차수열 구성방식이 적용되어 있을까?

요네다의 측량 결과, 각 층의 탑신 너비의 합은 1층의 7척에 대하여, 2층과 5층의 합은 7.2척이고 3층과 4층의 합은 7척이라는 것이 밝혀졌다. 또 각 층의 탑신과 지붕돌의 높이의 합은 1층의 7척에 대하여 2층과 5층의 합은 7척이고 3층과 4층의 합은 6.9척이다. 이것 또한 비록 합하는 상·하 대응층이 다르고, 또 그 합이 약간의 차이가 있긴 하지만, 등차수열의 구성방식이 독자적으로 적용되어 있다는 것을 알 수 있다.

   (1층 탑신 너비)

= (2층 탑신 너비) + (5층 탑신 너비)   → (7.2척)

= (3층 탑신 너비) + (4층 탑신 너비)   → (7척)

   (1층 탑신, 지붕돌 높이)

= (2층 탑신, 지붕돌 높이) + (5층 탑신, 지붕돌 높이)   → (7척)

= (3층 탑신, 지붕돌 높이) + (4층 탑신, 지붕돌 높이)   → (6.9척)

그런데 특이하게도 5층이 관계되면 폭과 높이가 약간씩 커진다. 백제의 건축가들이 대충 설계했을 리는 없고, 축조 시 다듬거나 수평을 맞추는 과정에서 차이가 생긴 걸까?

유홍준 교수는 이에 대해 5층은 4층까지의 체감율을 적용하지 않고 약간씩 크게 만들었기 때문이라고 주장한다. 5층이 약간 커야만 했던 이유는 완성된 탑을 절집 마당에서 바라보는 사람의 입장에서 실제로 느끼는 체감율 때문이라고 한다. 5층이 약간 커보여야 보는 사람 입장에서는 비례가 맞다고 느낀다는 것이다.

이 석탑은 본래 회랑 안에 건립된 것이니, 당시의 건축가 역시 중문을 열고 들어온 위치에서 이 탑을 보도록 설계했을 것이다. 따라서 바로 그 자리에서 볼 때 탑이 가장 우아하고 아름답게 보이도록 설계되지 않았을까? 도면상에서는 7대 7.2로 나

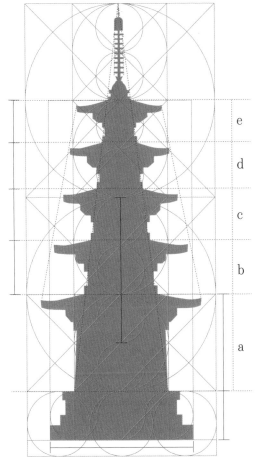

a=7척
b+e=7.2척
c+d=7척

타나지만 실제 체감으로는 7대 7이 되도록 말이다. 이것은 백제의 건축가들이 지킬 수 있었음에도 불구하고 실제 체감에 적용될 비례를 위해 슬기롭게 도면상의 비례를 파기하여 한 차원 더 높은 미를 창조한 것이라 할 수 있다.

이러한 예는 석굴암의 본존불에서도 느낄 수 있다. 아래에서 올려다 볼 때의 비례감을 고려하여 본존불의 얼굴 크기가 다소 크게 구성되어 있다.

정림사지 5층석탑의 이러한 비례의 완벽성은 백제의 불교 관련 건축 기술 중 최고라는 평가가 아깝지 않다.

자신들만의 새로운 미를 창조한 백제인

정림사지 5층석탑을 보노라면 지적^{知的}인 분위기를 풍기며 단정한 몸가짐을
한 채 어진 눈빛으로 따뜻한 눈인사를 보낼 것 같은 느낌을 준다. 이런 느낌을
받는 것은 석탑에 스며 있는 완벽한 비례감과 함께 다른 기술적, 예술적 기법들
이 적용되어 있기 때문이다.

정림사지 석탑은 1층 탑신의 높이가 2층 이상에 비해 상당히 높아서 외양적으
로 상승감을 주는 동시에, 안쏠림기법과 배흘림 기둥 기법을 통해 시각적인 안
정감을 추구하고 있다.

1층 탑신은 아랫부분과 윗부분의 너비 차가 10cm 정도로 다른 석탑들이 보
통 3~4cm인 것에 비해 안쏠림의 정도가 큰 안쏠림기법이 적용되어 있다. 이 기
법은 아래에서 위를 올려다 보면 착시 현상
으로 인해 옆으로 퍼져 보이게 하는 시각적
문제를 보완하는 효과를 나타낸다. 이를 위
해 기단과 탑신의 기둥을 수직으로 세우지
않고 약간 안쪽으로 기울게 만들었다.

이런 안쏠림기법과 배흘림 기둥은 백제 ·
백제계석탑의 특징으로, 이는 2층 이상의
탑신 높이의 체감률이 신라석탑에 비해 크
기 때문에, 이를 보완하는 역할을 해준다.

석탑에 넣는 사리가 주로 지상에 안치되
기 때문에 1층 탑신이 중요하다. 이에 따라
정림사지 석탑 또한 기단을 낮게 사용하고
1층 지붕돌까지의 높이가 약 4.1미터에 이
를 정도로 1층 탑신의 높이를 높게 구성함
은 물론, 2층부터는 탑신의 높이와 너비를

정림사지 5층석탑

급격히 줄임으로써 1층 탑신에 시선을 집중시키는 느낌을 받을 수 있다. 1층 탑신은 모서리 안쪽으로 쏠린 기둥을 세우고 네 면 모두 가운데에 두 쪽 문을 달아 놓은 듯 2매씩의 판석板石으로 짜 맞추어 놓기도 했다.

얇은 지붕돌은 각 층마다 약간의 경사를 주면서 옆으로 길게 뻗어나가다가 지붕의 1/10 지점에서 끝이 살짝 올려져 아름다움을 더해주고 있다.

이 탑은 돌의 특성을 잘 살리면서 좁고 얕은 1단의 기단과 배흘림 기법의 기둥 표현, 얇고 넓은 지붕돌의 형태 등 목조 건물의 형식과 목탑의 모습을 본떠 만든 탑으로서, 정돈된 형태와 세련되고 창의적인 조형을 보여준다. 또한 전체의 형태가 장중하고 명쾌하며 격조 높은 기풍을 풍기고 있어 백제뿐 아니라 우리나라 건축 기술의 백미라 할 수 있다.

이 아름다운 탑은 한때 중국 당나라 장수 소정방이 백제를 평정한 사실을 기리기 위해 1층 몸돌에 '백제를 징벌하고 세운 기념탑'이라는 글씨를 새겨 놓아 '평제탑'으로 알려지기도 했다.

동양 최대 규모, 우리나라에서 가장 오래된 석탑

이제 익산으로 발길을 돌려보자. 익산에서는 미륵사지와 미륵사지 석탑을 만나볼 수 있다. 경주 황룡사가 신라 최대의 사찰이었다면, 미륵사는 백제 최대 규모의 사찰이었다. 미륵사지는 동서로 172m 남북으로 148m의 거대한 절터로 전체면적이 약 7700여 평이나 된다.

정림사지와 마찬가지로 미륵사지를 둘러보는 것은 그 자체로 역사적 의의가 있지만 상상력을 동원하지 않으면 자칫 무미건조할 수도 있다. 때문에 미륵사지 방문에 앞서 미륵사지유물전시관을 관람하는 것을 적극 추천한다.

미륵사지 유물전시관에서는 미륵사 및 미륵사 석탑에 대한 이해를 돕기 위해 미륵사의 1/50 축소모형과 1910년대의 미륵사지 및 석탑 사진을 전시하고 있다.

유물전시관을 나오면 '국보 11호'인 미륵사지 석탑을 만나 볼 수 있다. 이 탑은 동양 최대 규모이면서 우리나라에서 가장 오래된 석탑이다. 이 탑을 가장 오래된 석탑이라고 하는 이유는 그 양식이 목탑과 매우 비슷하기 때문이다. 이런 까닭에 오늘날 한 기도 남아 있지 않은 백제 목탑을 추측하는 데 큰 도움이 된다. 이 탑이 세워진 시기는 서동요로 유명한 백제의 무왕과 그의 아들 의자왕으로 이어지는 백제의 마지막 전성기로 신라의 다보탑, 석가탑보다 100년이 앞선 것으로 추정된다.

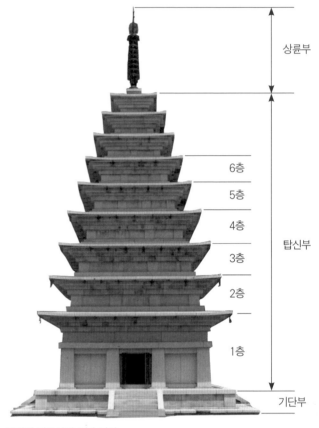

복원된 미륵사지 동탑 정면

미륵사에는 3기의 탑 즉, 중앙의 목탑과 서석탑, 동석탑이 일렬로 서 있었다. 이 세 탑 중 발굴 당시 지표상에 남아 있던 것은 국보 11호인 서탑뿐이었다. 서탑은 현재 6층까지 남아 있으나 서탑과 동탑지 주변에 무너져 내린 탑재석을 연구 검토한 결과, 창건 당시 9층으로 조성되었다는 것이 밝혀졌다. 높이는 석주 부분만 25m에 달했던 것으로 전해지며 현재 남아 있는 서탑의 기단너비는 한 변이 12.5m 내외이고, 현존 6층 높이는 12.945m나 된다.

정말 대단한 규모라고 하지 않을 수 없다. 이처럼 규모도 규모지만 목탑 건축 양식으로 쌓은 유일한 석탑으로도 유명하다. 건축 기술이나 조형미에 이르기까지 보면 볼수록 기가 막히다는 표현이 절로 나온다.

그럼 여기서 잠시 탑을 자세히 살펴보기로 하자.

우선 기단부는 목탑의 기단과 같은 단층기단으로 되어 있다. 또 1층 탑신에서는 네 면에 사람이 드나들 수 있게 십자형의 공간을 마련하는가 하면, 모서리기둥마다 위아래는 좁고 가운데는 볼록한 배흘림 기법을 적용하고 가운데 기둥보다 살짝 높게 만드는 귀솟음 기법까지 적용했다. 돌로 목조건축 기법을 구현한 것이다. 이것은 시각적인 안정감을 주기 위한 것으로 생각된다. 기둥 위에는 목조 건축에서 볼 수 있는 창방이 가로질러 놓여 있고, 3단의 지붕받침돌을 설치하여 지붕을 받들게 했으며 지붕돌은 한옥지붕처럼 하늘로 날아오를 듯 유려한 곡선미를 갖추어 놓았다. 흡사 한옥을 돌로 만들어놓은 것처럼 매우 정교하고 섬세하게 만든 것을 보면 당시 건축가들이 석조를 다루는 데 최고의 경지에 이르렀음을 알 수 있다.

아래 그림은 미륵사지 석탑을 해체하기 전의 모습이다. 정림사지 5층석탑에 비하면 보존상태가 그다지 양호한 편은 아니다. 이 미륵사지 석탑은 지진이나 지반의 부동침하 등의 외부요인에 의해 일부가 붕괴된 것으로 추정된다. 그동안 고려, 조선, 일제 강점기를 거치면서 여러 차례 개보수 과정을 거쳤지만 세월의 무게를 이기지 못해 최종적으로 5층 정도만 남아 있게 된 것이다. 결국 1998년 구조안전진단 결과 추가 붕괴의 위험성이 제기되어 해체보수 작업을 거쳐 현재 복원 중에 있다.

해체 전 미륵사지 석탑

미륵사의 특이한 가람 배치

삼국유사에는 "백제 무왕^{武王}의 부인이 큰 연못가에서 미륵삼존을 만난 뒤로 왕에게 그곳에 큰 절을 지어 달라 청했다. 왕은 지명법사에게 명해 연못을 메우고 절을 세워 미륵사^{彌勒寺}라 했다."라는 내용이 들어 있다. 하지만 이 전설과 달리 병이 깊었던 무왕의 쾌차를 기원하기 위해 지어진 것으로 추정되며, 이런 모두의 염원에도 불구하고 무왕은 불과 2년 뒤 숨을 거두었다고 한다.

미륵사는 창건 당시 백제의 여느 절과도 다르고, 고구려, 신라의 절들과도 다른 특이한 구조로 지어졌다. 미륵사지 발굴 결과 절터 아래가 진흙으로 되어 있고, 3개의 금당(법당) 건물과 탑, 즉 중앙부에 금당과 목탑, 서쪽에 금당과 서석탑, 동쪽에 금당과 동석탑이 일렬로 서 있었다. 현존하는 미륵사지 석탑은 서석탑이다. 금당 한 채와 1개의 탑을 절 하나로 볼 때 마치 3개의 절이 나란히 있는 모양을 떠올리면 될 것이다.

3개의 공간은 서로 같은 평면상에 나란히 배치되었지만 규모로 차이를 나타냈다. 중원의 내부 면적과 동서원의 내부 면적은 1.5:1로 중원을 더 넓게 설계했으며, 금당의 경우에도 면적은 2:1, 건물의 너비는 1.47:1로 하여 중원의 금당을 더 크게 건립했다. 탑의 경우에도 목탑과 석탑의 기단너비를 1.56:1로 했다.

탑과 탑을 둘러싼 건물들의 배치 또한 우리나라 고대 사찰 중 그 어느 곳보다도 기하학적으로 매우 정교한 설계를 통해 이루어졌다.

미륵사 배치도에 따르면 3기의 탑과 3채의 금당은 각각 동서축에 맞추어 일렬로 배치되어 있다. 또 동원^{東院}과 서원^{西院}의 너비는 각각 석탑 기단의 대각선 길이의 3배로 되어 있으며, 중원^{中院}의 너비는 회랑의 폭을 포함하여 목탑 기단의 대각선 길이의 3배가 되도록 설계하였다. 이 목탑 기단의 대각선 길이는 미륵사의 남북 길이와 동서의 승방터의 위치를 정하는 데도 이용되었다.

또 가람의 동서 폭은 동서 회랑 기단까지의 길이를 말하며 고려척으로 490척이고, 남회랑터의 남단에서 강당터 기단 북변까지 목탑의 중심을 지나는 남북

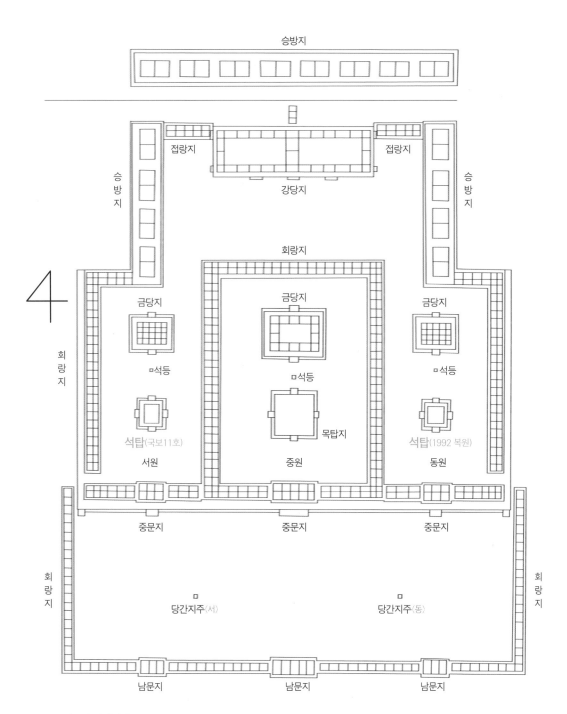

승방지

접랑지 강당지 접랑지

승방지 회랑지 승방지

회랑지

금당지 금당지 금당지

□석등 □석등 □석등

석탑(국보11호) 목탑지 석탑(1992 복원)

서원 중원 동원

중문지 중문지 중문지

회랑지 회랑지

□ □
당간지주(서) 당간지주(동)

남문지 남문지 남문지

미륵사 가람배치(통일신라)

세로 길이는 420척으로 동서 폭의 $\dfrac{\sqrt{3}}{2}$ 배와 거의 같다. 이것은 곧 전체 가람의 동서 폭과 남북 세로 길이가 동서 폭을 한 변으로 하는 정삼각형을 토대로 배치되어 있다는 것을 보여준다.

또한 목탑 중앙의 심주자리를 두 대각선의 교점으로 하는 한 변의 길이가 176척인 정사각형을 그릴 수 있는데, 이것이 미륵사 가람의 규모를 정해주는 기본 길이가 되고 있다. 이를테면 중원의 남회랑과 북회랑의 중심간 거리는 246척으로 이것은 정사각형 대각선 길이인 248.8척과 거의 같게 배치 한 것으로 여겨진다. 동원과 서원의 폭 또한 중원회랑 기단의 대각선 길이를 토대로 설계하였다.

이 기본 정사각형을 북쪽으로 1개 더 연장하여 그리면 그 끝이 강단 기단의

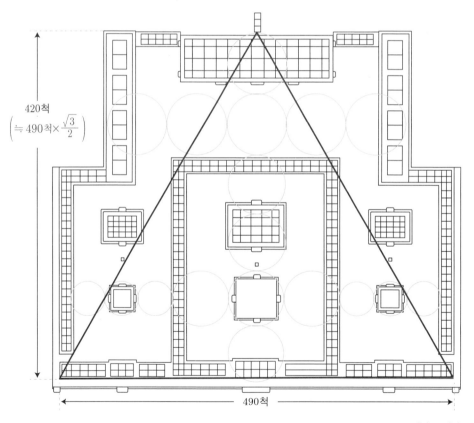

420척
$\left(\fallingdotseq 490척 \times \dfrac{\sqrt{3}}{2}\right)$

490척

단위: 고려척

남쪽변과 일치하는 것으로 보아 이를 이용하여 강당터의 위치를 설정한 것이라 할 수 있다. 강당터의 동서주간 총길이 또한 이 정사각형의 한 변의 길이인 176척으로 정하여 설계하였으며, 이것은 동서 승방터의 남북 주간 총길이와 일치한다. 뿐만 아니라 176척을 한 변으로 하는 정팔각형을 그리면 정팔각형의 전체 폭의 길이는 424.86척으로 이것은 정삼각형의 높이와 거의 일치한다는 것을 알 수 있다.

이것으로 미루어보아 미륵사의 가람평면 계획은 원과 정삼각형, 정사각형, 정팔각형을 바탕으로 각 건물의 위치 및 규모 나아가 전체 가람 배치에도 영향을 미친 것으로 보인다. 유홍준 교수의 〈나의 문화유산 답사기〉를 통해 널리 알려

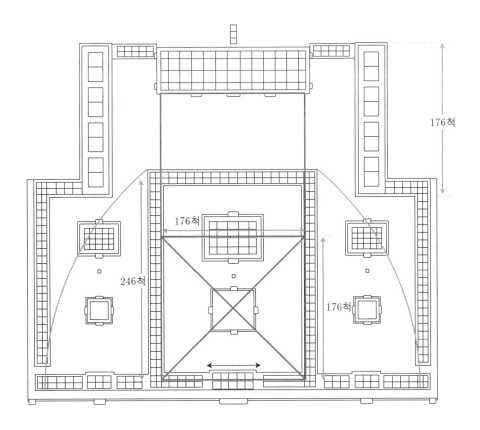

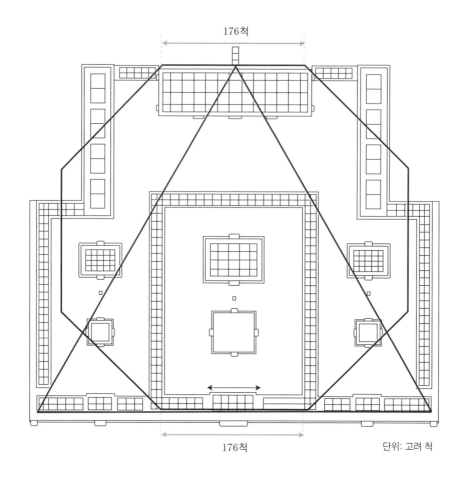

176척

176척

단위: 고려 척

진 '아는 만큼 보인다'라는 말이 새삼 떠오르며, 거대한 탑만 우뚝 솟아 있어 자칫 무미건조할 것만 같은 미륵사지가 의미 있게 다가오는 것 같다.

미륵사지 석탑의 해체 복원 과정에서 중국 수隋에서 가져온 부처의 진신사리와 이를 담은 순금 사리장엄, 창건연대와 창건주를 기록한 사리봉안기, 백제의 유리 세공 수준을 잘 보여주는 유리제품, 구슬, 칼, 금전金錢, 관식冠飾 등 공양물로 쓰였던 500여 점의 유물들이 쏟아져 나왔다. 이들 유물은 미륵사지유물전시관에서 살펴볼 수 있다. 이 유물전시관에서는 유물을 보여주는 것만이 아닌 교육공간도 마련되어 있어 이곳을 방문하는 학생들에게 심도 있는 교육도 제공하고 있다.

디자인에 의한,
디자인을 위한,
디자인의 공간, DDP!

ⓒ 서울디자인재단

DDP는 3차원 비정형 건축물로, 어느 방향에서 보아도 유려한 곡면의 아름다움을 느낄 수 있다.
5800톤의 철근으로 기둥이 없는 공간을 만들었으며 45,133장의 외장패널은 선박제작에 사용하는
철판 성형 기술을 활용해 만든 알루미늄 패널로 같은 모양이 하나도 없다고 한다.
DDP의 로고는 천(.), 지(−), 인(l)에서 영감을 받은 것으로 창의, 배려, 소통이라는 한글 창제의 원리
와 DDP의 이미지가 서로 맞닿아 있어 '천'은 점, '지'는 선, '인'은 텍스트를 표현한 것이다.
동대문 디자인 플라자의 이니셜인 DDP는 더 나은 세상을 상상하여 꿈꾸고(Dream), 창의적 생각을
실현해 디자인하고(Design), 다양한 생활을 누리는(Play) 공간을 의미하기도 한다.

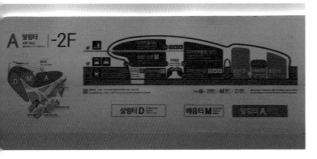

　커다랗고 무거운 지붕, 기울어져 있어 금방이라도 무너질 것만 같은 벽면! 그럼에도 결코 무너지지 않는 가분수 건축물을 상상해본 적이 있는가? 요술 나라에나 있을 법한 건물이지만 현실에서도 이런 건물을 만날 수 있다. 바로 동대문디자인플라자(DDP)다.

　벽이 지붕이 되고 지붕이 다시 벽이 되어 벽과 지붕을 구분할 수 없는 건물, 부드러운 곡면으로만 이루어진 기이하면서도 독특하기 이를 데 없는 모양의 건물이 바로 DDP다. 크고 무거운 지붕이 툭 튀어나와 있음에도 불구하고 특별히 받쳐주는 기둥이 없어 금방이라도 넘어질 듯 말 듯 아슬아슬하게 세워져 있는

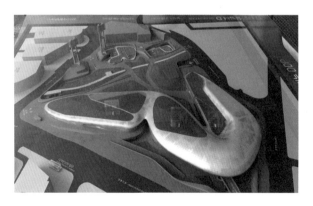

이 거대 조각 작품은 예상을 깨고 안정감과 균형감을 유지한 채 그 독특한 구조를 자랑하고 있다. 하물며 하늘에서 내려다 본 모습은 흡사 살아 있는 유기체인 양 스멀스멀 움직일 것만 같다. 또 지하철 동대문역사문화공원역의 1번 출구를 나와 첫발을 내딛는 순간에는 우주여행을 떠나기 위해 거대한 우주선으로 걸어 들어가는 듯 마음이 설레이기도 한다.

2015년 뉴욕타임즈에서는 꼭 가봐야 할 명소 52곳을 발표하며 33번째로 DDP를 소개했다. 세계적인 명소가 되어버린 DDP! 보통의 건물과 비교하여 파격적이라 할 수 있는 이 건물의 몇 가지 특징에 대해 살펴보기로 하자.

비정형 건축물 DDP

먼저 건물 안으로 들어가기 전에 어울림 광장에 서서 건물을 살펴보자. 각진 모서리 하나 없이 완벽하게 매끈한 '부드러운 곡면'으로만 이루어져 있는 것이 보일 것이다. 더욱 신기한 것은 바닥과 수직을 이루어야 할 건물의 옆면이 비스듬히 기울어져 있다는 점이다. 사실 기울어진 벽면은 건물 내부 곳곳에서 쉽게 찾아볼 수 있다. 그 모습을 보면 자신도 모르게 혹시라도 무너지지 않을까~ 하는 걱정을 하게 될지도 모른다. 동시에 어떻게 저렇게 지을 수가 있었을까? 어떻게 가능했을까? 하는 생각과 함께 경이로움도 느끼게 된다.

대부분의 일반 건축물에서는 주로 수직과 수평, 대칭, 직선과 평면을 쉽게 찾

아볼 수 있지만, DDP에서는 안정감과는 매우 거리가 멀어 보이는 곡선과 곡면, 사선과 사면, 예각과 둔각, 비대칭 등을 어렵지 않게 찾아볼 수 있다. 한마디로 DDP는 비정형 건축물인 셈이다. 비정형 건축물은 기존의 직사각형 일색의 건물과 달리 일정한 형태나 틀에 얽매지 않고 곡선, 곡면, 사선 등으로 외형을 만드는 독특한 형태의 건축물을 말한다.

이렇게 비정형적이면서도 거대한 건축물을 어떻게 구현할 수 있었을까?

건축가 자하 하디드. 아래는 자하 하디드의 작품들.

오스트리아 비엔나의 비엔나 유니버시티 라이브러리 학습센터

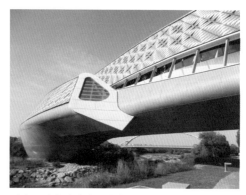

시카고 시의 파빌리온 다리

베이징 디스크립션 왕징 소호

베이징의 갤럭시 소호

비트라 소방서

DDP는 2016년 3월 세상을 떠난 이라크 출신의 세계적인 건축가 자하 하디드 ^Zaha Hadid가 설계했다. 그는 건축계의 아카데미상으로 통하는 '프리츠커 건축상 ^Pritzker Architecture Prize'을 수상한 최초의 여성 건축가로, DDP처럼 유기체와도 같은 자유로운 곡선과 형태의 비정형 건축물을 설계하고 짓는 건축가로 유명하다.

장난감 블록으로 만든 집은 마음에 들지 않으면 허물고 다시 지을 수 있지만 실제 건물은 그럴 수가 없다. 따라서 처음부터 치밀하고 정확한 기하학적 계산을 해야 설계자가 원하는 건축물을 지을 수가 있다.

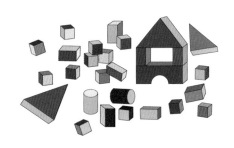

직선이나 직사각형 형태가 아닌 DDP와 같은 복잡하고 자유로운 곡선 형태의 비정형 건축물이나 초고층 건축물을 설계할 때는 아무리 치밀하고 정확한 계산을 하더라도 기존의 평면도면 설계방식으로는 많은 어려움이 뒤따른다.

평면도면 설계방식에서 디자인과 설계에 한계를 느낀 건축가들은 다양한 도전을 거치며 새로운 흐름을 만들어가기 시작했다. 2000년대 초반 컴퓨터로 3D 건물을 구현하는가 싶더니, 이제는 설계, 시공, 운영 관리까지 전체를 아우를 수 있는 새로운 툴을 개발하여 건축에서는 DDP와 같은 상상조차 할 수 없었던 복잡하고 어려운 모양의 건물을 짓게 되었다. 그 중심에 바로 BIM ^Building Information Modeling(빌딩정보모델링)이 있다.

BIM은 건축의 기획단계에서부터 설계, 시공, 유지관리 및 철거할 때까지의 모든 정보를 통합 관리하는 첨단 소프트웨어를 말한다. 다시 말해 가상공간에서 모델링 즉, 짓고자 하는 건물의 전체 모습을 시각화하고 그 모델에 정보를 입력하여 저장하여 관리한다.

예를 들어, 짓고자 하는 건물에 창문이 있다면 가상공간에 실제의 창문 모델을 만들고 그 안에 창문의 종류, 제품명, 가격, 창문설치에 필요한 인력 등의 정

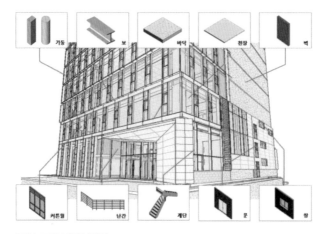

BIM 표준 라이브러리

보를 넣는다.

이렇게 넣은 다양한 정보를 데이터베이스화함으로써 건설 도중 창문에 대한 정보를 파악하고자 할 때는 도면에 대한 내용이나 수량 산출서를 뒤지지 않고도 모델 안에서 한 번의 클릭만으로 정보를 볼 수 있다. 또한 대형 건물에서 1000개가 넘는 창문의 크기를 한꺼번에 수정해야 할 경우에 하나하나 고치지 않고도 알고리즘을 통해 일괄적으로 한번에 모두 다 수정할 수 있다. 이것은 곧 공사기간을 단축하고 경비를 절감하는 데 매우 효율적이라는 것을 의미한다.

수학 디자인, 파라메트릭 디자인

BIM 프로그램의 강점은 무엇보다도 디지털화된 작업을 이용함으로써 이전에 쉽게 시도하지 못했던 과감한 디자인까지 가능하다는 것이다. 덕분에 동대문에 경이롭기까지 한 DDP 우주선이 안착할 수 있게 되었는지도 모른다.

BIM 적용 시 핵심 기법 중 하나가 바로 **파라메트릭 디자인**Parametric Design 기법이다. 이 기법에서는 치수나 파라미터를 사용하여 모델의 크기 및 형상을 조절한다. 이 기법을 잘 이해하기 위해서는 먼저 파라미터 즉, 매개변수에 대해 알아야 한다.

보통 직선이나 곡선, 곡면은 몇 개의 독립변수를 사용한 관계식으로 나타낼 수 있다. 이때 이 독립변수들을 또다른 제2의 변수를 사용하여 나타내는 경우가 종종 있는데 이 제2의 변수를 매개변수라 한다.

예를 들어 오른쪽 그림과 같이 중심이 원점이고 반지름의 길이가 r인 원은 두 독립변수 x, y사이의 관계식 $x^2+y^2=r^2$으로 나타낼 수 있지만, 제2의 또다른 변수 θ를 사용한 식 $x=r\cos\theta$, $y=r\sin\theta\,(0°\leq\theta\leq360°)$으로 나타낼 수도 있다. 이때 θ를 두 독립변수 x, y의 매개변수라 한다. 여기서 θ의 값이 달라지면 원 위의 점의

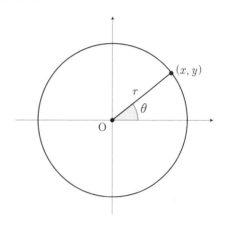

위치가 달라지게 되며, 반지름 r의 길이가 달라지면 원의 크기가 달라지게 된다.

$$x^2+y^2=r^2$$

원을 나타내는
두 가지 식

$$\begin{cases} x=r\cos\theta \\ y=r\sin\theta \end{cases} (0°\leq\theta\leq360°)$$

반지름 r인 원을 나타낼 때는 위의 두 가지 식 중 어느 것을 사용해도 되지만, 모양이 보다 복잡한 곡선은 매개변수를 사용한 식이 편한 경우가 많다.

반지름의 길이가 r인 큰 원 안에 반지름의 길이가 $\frac{1}{4}r$인 원을 내접시켜 미끄러지는 일 없이 굴릴 때 작은 원의 원주상의 한 점 $\mathrm{P}(x, y)$가 그리는 별 모양의 곡선 아스테로이드는 두 변수 x, y의 관계식 $x^{\frac{2}{3}}+y^{\frac{2}{3}}=r^{\frac{2}{3}}$($r$은 양의 상수) 또는 매개변

수 θ를 사용하여 나타낸 식 $x = r\cos^3\theta$, $y = r\sin^3\theta$로 나타낼 수 있다. 이때 매개변수 θ를 사용하여 나타낸 식의 경우에는 θ의 값이 달라지면 점 $\mathrm{P}(x, y)$의 위치가 달라지며, 원과 마찬가지로 r의 값이 변하면 큰 원과 작은 원, 아스테로이드 크기도 달라진다.

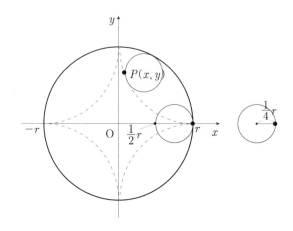

파라메트릭 디자인 기법에서는 우선 설계자가 원하는 건축물의 모양에 맞추어 직선, 곡선, 곡면으로 이루어진 건축물의 각 부분에 대해 매개변수로 나타낸 식을 사용하여 디지털 모형을 만든다. 그런 다음 이들 각 모형을 이루고 있는 요소(점, 선, 곡선, 곡면, 입체 등)들을 관련시켜 설계함으로써 건축물의 3차원 형상을 구현한다.

이 디자인 과정에서는 모형의 치수를 어떤 한 수로 고정시키지 않는다. 설계된 건축물의 일부를 수정하려고 할 때 매개변수의 값을 바꾸게 되면 관련된 부위의 수치가 자동적으로 수정되면서 모형도 자동 변경되어 곧바로 3D 그래픽으로 나타난다. 예를 들어 건물의 바닥과 벽은 서로 연결되어 있어 바닥 높이를 나타내는 매개변수의 값을 변경하면 벽의 높이 및 창문의 높이도 자동적으로 변경되게 된다.

한마디로 파라메트릭 디자인은 매개변수가 포함된 식에서 매개변수의 값을

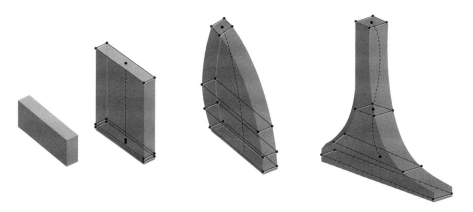

바꿔가며 컴퓨터 상에서 건축물을 디자인하는 것이라고 할 수 있다. 보다 복잡한 비정형 건축물이나 초고층 건축물을 짓고자 하는 건축가에게 파라메트릭 디자인은 기존의 방법이 아닌 새롭고 매우 효율적인 디자인 툴^{tool}인 셈이다.

이렇듯 건축 디자인과 수학, 컴퓨터 기술의 교묘한 조합으로 설명되는 파라메트릭 디자인 기법은 기존의 디자인 기술들이 표현하지 못한 부분을 표현할 수 있다는 강점을 갖고 있다. 그동안 설계자의 상상 속에서만 존재했던 디자인을 실제의 3차원 공간에 입체적으로 표현하는 것이 가능해진 것이다.

따라서 파라메트릭 디자인은 기하학과 수학적 관계식으로 디자인하는 것이라 할 수 있다. 이 디자인 기법은 건축뿐만 아니라 정교하고 부드러운 곡선을 표현해야 하는 자동차, 항공기 등의 면 처리에도 많이 사용되고 있다.

매끄러운 곡면을 완성한 알루미늄 곡면 패널 디자인

다른 건물들과 비교하여 DDP의 또 다른 특별한 매력은 외관이 완벽하게 '매끄러운 곡면으로 이루어진 건물'이라는 점이다. 콘크리트로 곡면을 매끄럽게 만든 것이 아닌, 한 장 한 장의 패널들을 붙여서 외관을 둘러싼 것임에도 어떻게 이것이 가능했을까?

서울시청사 외관 또한 유리판 패널을 한 장 한 장 붙여서 지어진 곡면 건물로

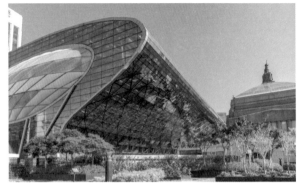

서울시 청사

유명하다. 하지만 가까이 다가가서 살펴보면 DDP와는 달리 완전히 매끄러운 곡면은 아니다. 서울시청사는 평평한 유리판들로 된 패널들만을 이어 붙였기 때문이다. 평평한 유리판들을 붙이게 되면 아무리 유리판 패널의 크기를 작고 촘촘히 붙이더라도 패널들의 이음새가 각진 형태로 나타날 수밖에 없다.

서울시 청사 패널

그런데 DDP는 어디에서도 각진 형태의 이음새를 발견할 수 없다. 언뜻 보기에 서로 이웃하는 패널들이 평평하고 그 크기가 모두 같아 보이지만 전혀 그렇지 않다. 실제로는 각 패널들의 크기와 곡률이 단 하나도 같은 것이 없이 평면판과 곡면판을 잘 조합하여 붙임으로써 완벽하게 매끄러운 곡면을 구현한 것이다. 즉 전체적인 건물 외관만 곡면 형태가 아닌, 곡면을 나타내는 부분의 패널 하나하나까지도 곡률이 서로 다른 곡면판을 붙여 매끄러운 곡면을 완성해낸 것이다.

여기서 곡률은 곡선 또는 곡면의 구부러진 정도를 나타내는 수치다. 곡선에서 구부러진 정도를 나타낼 때는 곡률반경을 사용한다. 오른쪽 위 그림과 같이 곡선의 일부분이 원호가 될 때 이 원호의 반지름 R_1, R_2, R_3를 곡률반경이라 하고, 그

역수 $\dfrac{1}{R_1}$, $\dfrac{1}{R_2}$, $\dfrac{1}{R_3}$ 를 곡률이라 한다. 이때 곡률반경이 작을수록 ($R_3 > R_2 > R_1$), 즉 곡률이 클수록 $\left(\dfrac{1}{R_3} < \dfrac{1}{R_2} < \dfrac{1}{R_1}\right)$ 곡선의 구부러진 정도가 크다는 것을 알 수 있다.

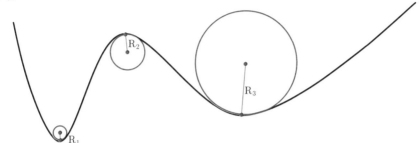

곡면의 곡률을 잴 때는 그 곡면 위에 있는 곡선의 곡률을 계산한다. 예를 들어, 오른쪽 그림과 같은 곡면 위의 한 점 A에 대하여, 그 점을 지나면서 곡면에 수직인 직선 l을 포함하는 수많은 평면을 생각해볼 수 있다. 이 평면들과 곡면이 만날 때 생기는 교선은 모두 곡선이 된다.

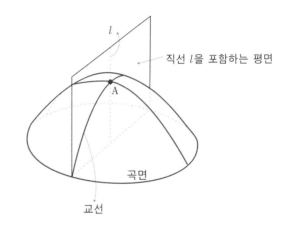

직선 l을 포함하는 평면

곡면

교선

이때 곡면의 점 A에서의 곡률은 이들 곡선(교선)의 곡률을 계산하여 가장 작은 곡률과 가장 큰 곡률을 곱한 것으로 정한다. 이 곡률을 가우스 곡률이라 한다.

그렇다면 여기서 잠깐! 거대 규모의 DDP 건물 외관을 뒤덮고 있는 수많은 패널들의 크기와 곡률이 모두 다르다니 궁금증이 생기지 않을 수 없다. 어떻게 각 패널의 크기와 곡률을 정했으며 또 그 많은 패널들을 어떻게 서로 다르게 제작할 수 있었을까?

각 패널의 크기와 곡률을 정하는 데는 파라메트릭 디자인이 중요한 역할을 했다. 먼저 파라메트릭 디자인으로 외벽의 설계도를 그린 다음, 이 설계도의 데이터를 이용하여 필요한 패널의 개수를 계산했다. 평면 패널에 비해 가격이 훨씬 비싼 곡면 패널의 수를 최대한 줄이기 위해 수학에서 방정식을 풀어 해를 구하듯이 처음부터 평면 패널과 곡면 패널의 개수를 매개변수로 설정한 뒤 곡면 패널의 개수가 최소값이 되도록 설계하였다. 그 결과 곡면 패널은 전체 4만 5133장의 패널 중 약 63%에 해당하는 3만 1292장을 사용하게 되었다.

그런데 2009년에 착공하여 2013년 준공하기까지 걸린 시간은 고작 4년 정도이다. DDP와 같은 대형 건축물을 짓기 위해서는 똑같은 패털을 찍어내는 데만 하더라도 많은 시간이 걸릴 수 밖에 없다. 하물며 크기가 모두 다르면서 곡률까지 다른 패널들을 만들어 붙이는 데 4년도 걸리지 않았다는 것은 매우 놀라운 일이 아닐 수 없다.

실제로 처음에는 영국과 독일 업체에 패널 제작을 의뢰했지만 패널을 일일이 만드는 데 20년 넘게 걸린다는 답변을 받았다고 한다.

그렇다면 우리는 이렇게 어려운 일을 어떻게 해낼 수 있었을까? 알루미늄으로 제각기 다른 곡률의 외장 패널을 만들기 위해 선박, 항공기, 자동차 등의 금속 성형 분야의 기술들을 총 망라하여 제작했다고 한다. 자동차, 선박, 고속철도, 항공기 등은 유선형으로 제작되어야 하므로 철판을 곡면으로 만드는 곡가공 작업이 필수이기 때문이다. 그중에서도 가장 중요한 역할을 한 것은 바로 3D 곡가공

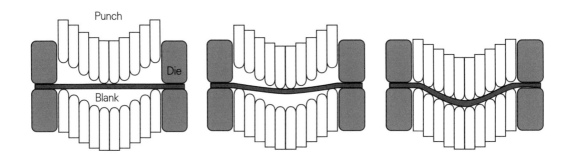

기술인 다점성형기술(MPSF)이었다! 이는 값비싼 금형을 제작하지 않고도 패널을 성형할 수 있도록 개발한 기법이다.

각각 센서가 달려 있는 여러 개의 핀이 촘촘하게 꽂힌 두 개의 금형 사이에 알루미늄 패널을 끼우고 계산된 곡률에 따라 핀들의 압력을 조절하면 평면 패널이 곡면 패널로 바뀐다. 이 모든 작업은 컴퓨터 자동화 시스템으로 진행되며 3D 레이저 절단기와 3D 스캐너를 이용하여 만들고자 하는 외장패널을 완성한다.

DDP에서는 이 기술로 한 방향으로만 휘어진 1차 곡면판 9,554장과 2개 이상의 방향으로 휘어진(복곡면) 2차 곡면판 21,738장을 만들어 사용했다고 한다.

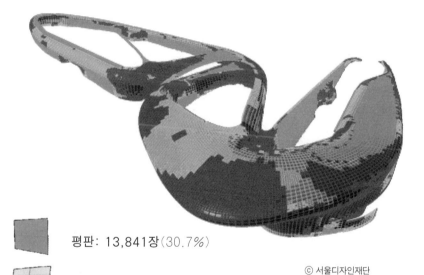

평판: 13,841장(30.7%)

ⓒ 서울디자인재단

1차 곡면판: 9,554장(21.2%)

2차 곡면판: 21,738장(48.1%)

캔틸레버 구조

숨어 있는 수많은 삼각형의 힘

어울림 광장에 서서 DDP 건물을 올려다 보면, 무거워 보이는 지붕의 일부가 기둥이나 특별한 지지대 없이 공중으로 상당히 튀어나와 있는 것을 볼 수 있다. 이것을 캔틸레버 구조라 한다. 금방이라도 무너지지 않을까 우려가 될 정도의 모습이며 게다가 벽면도 기울어져 있다. 그런데도 안정되고 균형감 있게 당당히 서 있는 모습은 감탄을 불러온다. 어떻게 이것이 가능할까?

그 비밀은 바로, 외장패널 뒤에 그 모습을 완벽하게 숨긴 채 겉에서는 보이지 않는 스페이스 프레임space frame 구조와 메가트러스Mega-Truss 공법에 있다!

스페이스 프레임 구조는 외장 패널을 씌우기 전 변형력인 응력이 균등하게 분배되는 구조로, 철골 등을 용접하여 3차원적으로 구성한 건물의 골격을 말한다. DDP는 이 골격을 구성하는 과정에서 메가트러스 공법을 이용했다.

트러스 공법은 철골을 삼각형으로 연속해서 연결하여 짜맞추어가는 것으로, 트러스 구조를 매우 거대하게 만든 것이 메가트러스 공법이라고 할 수 있다. 이

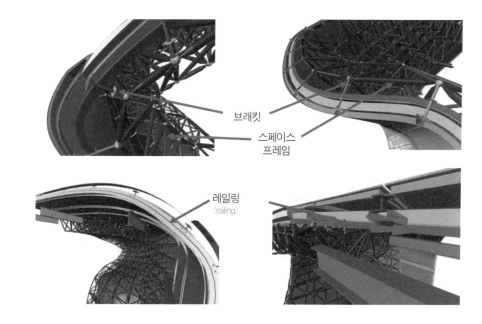

브래킷

스페이스
프레임

레일링
(railing)

ⓒ 서울디자인재단

것은 고층건물을 짓는 현장에서 보게 되는 노란색 타워크레인과 비슷한 구조
이다.

　내부에 기둥을 세우기 어려운 실내 체육관이나 전시장 등에서는 벽에 걸쳐 지
붕을 얹게 되는데, 이때 가장 많이 사용되는 것이 트러스 공법을 이용한 스페이
스 프레임 구조다. 그렇다면 굳이 삼각형을 연결하여 짜맞춘 트러스 공법을 이

용하는 이유는 무엇일까? 사각형 구조로 만들면 재료를 더 적게 사용하고 더 빨리 만들 수 있을 텐데 말이다. 그것은 바로 삼각형이 가진 힘에 있다.

삼각형은 다른 도형과 달리 변의 길이가 결정되면 모양이 변형되지 않는 튼튼한 구조를 가지고 있다. 여러분이 직접 3개, 4개, 6개의 곧은 빨대로 다음과 같이 삼각형, 사각형, 육각형을 만들어 실험해보면 쉽게 확인할 수 있다.

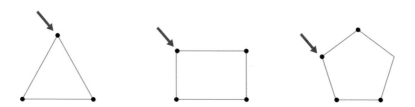

빨대끼리 연결한 연결부 중 한 곳에 힘을 가하면, 사각형, 오각형은 쉽게 그 모양이 변형되지만 삼각형만은 연결부 중 어느 곳에 힘을 가해도 처음의 모양이 결코 바뀌지 않는다.

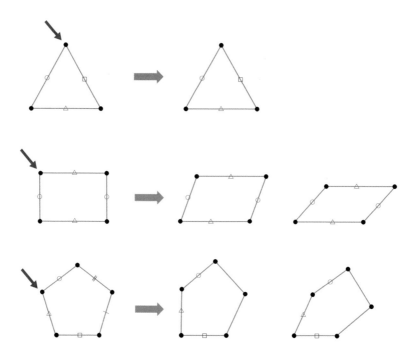

이는 삼각형은 세 변의 길이가 정해지면 삼각형의 결정조건에 따라 삼각형의 모양이 한 가지만 만들어져 세 내각의 크기가 고정되는 반면, 사각형이나 오각형은 각 변의 길이가 같음에도 내각의 크기가 서로 다른 다양한 사각형이나 오각형을 만들 수 있기 때문이다. 만일 사각형이나 오각형 구조로 골격을 만들었다면 아마도 강도가 약한 지진이나 바람이 조금만 세게 불어도 건물이 뒤틀어지지 않을까 매번 노심초사했을 것이다.

건물 자체의 골격을 매우 튼튼하게 만드는 메가트러스 공법을 적용한 스페이스 프레임 구조를 숨긴 채 우아한 모습을 하고 있는 DDP는 그 덕분에 지붕에 눈이 70cm가 쌓여도 끄떡없으며, 진도 6.0의 지진까지도 충분히 견딜 수 있다고 한다.

둘레길과 조형계단 디자인

이번에는 어울림 광장을 지나 배움터로 들어가 보자. 입구를 통과하면 위층으로 올라가는 두 갈래 길이 보인다. 하얀색과 대나무 목재의 색이 대비되는 예쁜 조형계단과 경사도가 낮은 둘레길이 바로 그 주인공들이다. 조형계단과 둘레길은 DDP를 대표하는 여러 명소 중 한 곳이다.

조형계단은 단순한 이동수단으로의 계단이 아닌 예술작품으로 디자인되었다. 반듯반듯한 수직과 수평, 직선이 아닌, 구불구불한 곡선과 매끄러운 곡면으로 이루어진 나선형 구조로 디자인한 까닭에 3차원의 비정형 건축미를 느낄 수 있다. 계단을 오르다 보면 마치 앨리스가 이상한 나라의 신기한 건물을 올라가는 느낌을 받게 될 것이다.

이 계단 또한 파라메트릭 디자인을 적용하여 설계했다. 컴퓨터에 계단의 크기, 부재 등을 입력하여 한꺼번에 그 형태를 3D로 설계한 것이다.

조형계단과는 달리 소라껍질처럼 빙글빙글 돌아가며 올라가도록 되어 있는

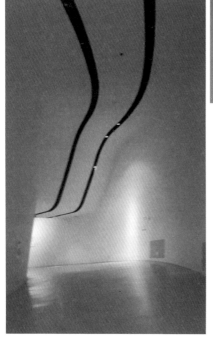

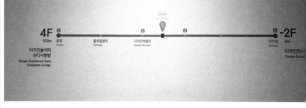

디자인 둘레길은 지하 2층(-2F)에서 4층까지 완만한 경사로로 되어 있다. 총 길이가 533미터인 백색의 이 공간에서는 유려한 곡선미를 느낄 수 있으며 기울어진 벽과 두 줄의 천장조명이 물 흐르듯 이어져 있어 신비로운 미지의 세계로 빠

져드는 듯하다.

이 디자인 둘레길은 경사길이지만 오르는 데 전혀 힘이 들지 않는다. 그 이유는 휠체어를 탄 장애인이나 노인, 임산부들이 자력으로 편하게 오를 수 있도록 경사로의 기울기를 $\frac{1}{18} \sim \frac{1}{12}$ 정도로 매우 완만하게 디자인했기 때문이다. 실제 현행 법률에 따르면 장애인 등의 통행이 가능한 보도 및 접근로의 기울기는 $\frac{1}{12}$ 이하로 규정하고 있으며, 다만 지형상 곤란한 경우에는 $\frac{1}{12}$까지 완화할 수 있다고 되어 있다. 여기서 기울기 $\frac{1}{12}$이란 높이 1m를 올라가기 위해 필요한 수평거리가 12m임을 뜻한다.

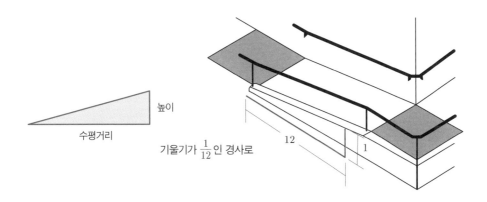

높이

수평거리

기울기가 $\frac{1}{12}$인 경사로

12

1

둘레길에서 만나는 의자 디자인

둘레길을 오르다 보면 기이하면서도 다양한 형태의 의자를 만나볼 수 있다. 처음 DDP가 문을 열었을 때는 DDP는 전 세계 30개국 112명의 디자이너의 작품 1869점을 디자인 둘레길 등 DDP 곳곳에 배치했다. 특이한 것은 유명 디자이너의 작품이지만 관람객이 직접 앉아볼 수 있도록 한 것이다. 의자의 가격이 수백만 원, 수 천만 원 정도 되는 것이 있음에도 '앉지 마시오'라는 팻말 대신 체험할 수 있는 기회를 준 것이다.

명품의자 1호는 팽이처럼 생긴 '스펀체어'다! 이 의자는 팽이처럼 빙글빙글 돌 수 있게 되어 있다. 이것은 '영국의 레오나르도 다빈치'라 불릴 정도로 다재다능한 디자인 감각을 뽐내고 있는 토머스 헤더윅의 작품이다. 여러분이 이곳에 간다면 스펀체어에 몸을 맞겨 보자. 회전목마와는 다른 색다른 회전의 재미를 느낄 수 있을 것이다. 그래서인지 아이들은 한번 앉으면 일어날 줄을 모른다. 스펀체어는 의자의 중요한 덕목인 편안함과 안락함을 양보한 대신 놀이로서의 재미와 재치를 가미한 의자라 할 수 있다. 이 작품은 발상의 전환을 통해 의자에서 느낄 수 없는 색다른 재미를 느끼게 한다.

실제로 팽이를 모티브 삼아 만든 스펀체어는 여러 형태의 의자를 실험하던 중 회전체 형태로 의자를 만들 수 없을까 하는 생각에서 탄생했다고 한다. 삐딱하게 회전하는 탓에 돌다가 넘어질 것 같지만 여러 번 빙글빙글 돌아도 쓰러지지 않는다. 바닥면에 닿는 두 지점을 연결한 선

스펀체어의 원리

분의 수직이등분선에 몸의 무게중심이 위치하여 무게가 실리는 쪽으로 기울어지거나 회전하더라도 넘어지지 않는 원리이다.

눈여겨 볼 만한 또 다른 작품으로는 '디자인계 거장'으로 꼽히는 핀란드 산업 디자이너 이에로 아르니오가 제작한 포뮬러 체어를 들 수 있다. 1998년 발표된 포뮬러 체어는 조각 작품 같은 디자인에 편안함을 더하기 위한 디자이너의 고민이 담겨 있는 작품이다. 그의 고민은 체공학적 디자인으로 표현되어 있다. 팔걸

이는 넓게, 좌석은 깊게 그리고 머리 받침은 높게 하여 여유로움과 안락함을 느낄 수 있도록 했다. 또 앞뒤로 약간씩 흔들리는 일종의 흔들의자의 기능까지 갖추고 있다.

이 의자가 완성된 1998년은 핀란드의 카레이서 미차 하키넨이 F1 그랑프리 대회에서 처음으로 우승을 차지한 해이기도 하다. F1의 팬이었던 이에로 아르니오는 두 개의 아주 넓은 팔걸이와 높은 머리받침을 가진 F1 차량에서 바퀴를 다 떼어낸다면 포뮬러 체어만이 남을 것이라고 말하기도 했다. 아쉽게도 현재는 DDP에 전시되지 않는다.

이에로 아르니오는 '남들이 규정하는 의자의 굴레'에서 벗어나 혁신적이면서도 인체 공학적인, 다양한 형태의 의자를 탄생시킨 디자이너로 명성이 높다. 그의 또 다른 대표작인 조랑말 모양의 의자 '포니'와 구의 일부분을 잘라낸 '볼 체어'도 DDP에 배치되어 있으니 만나보기 바란다.

디자인 둘레길 산책이 끝나면 DDP의 다른 장소를 둘러보자. 알림터, 배움터, 살림터, 어울림광장, 디자인 장터 등의 장소 외에도, 도성 내에서 성 밖으로 물을 배수시키기 위해 도성의 성곽을 통과하는 이간수문, 동대문운동장을 기억하고 있는 사람들에게 운동장과 그 주변의 삶에 대한 추억을 회상해 볼 수 있는 공간인 동대문운동장 기념관, 동대문역사문화공원 건립공사 중 발굴된 2,778점에 이르는 조선전기에서 근대까지의 다양한 유물들을 보존, 전시하는 동대문역사관 등 다양한 볼거리가 있다. 이뿐만 아니라 야간에는 DDP 건물의 타공패널 속 조명이 우주선의 환상적 느낌을 더해주는 화려한 조명과 더불어 LED장미 정원에서 아름

다운 광경을 볼 수 있다.

위에서 바라본 DDP

과학적 사고로 지은
수원 화성은
철옹성!

수원화성

서북공심돈

화서문

서장대(화성장대)

생태교통마을

효원의종 타종

화성 행궁

수원시립
아이파크미술관

아름다운 행궁길
(공방거리)

서남각루
(화양루)

팔달문

남수문

장안문

수원전통문화관

행궁동 벽화마을

북수문
(화홍문)

수원 화성 박물관

국궁 체험

창룡문

조선 시대에 10권으로 간행된 《화성성역의궤》는 공사 일정, 공사 책임자들의 인적 사항, 각 건물에 대한 설명과 공사에 사용한 기구들과 함께 공사를 하는 과정에서 오고 간 각종 공문서들과 왕의 명령, 공사를 하면서 치른 각종 의식, 성을 만드는 데 들어간 비용까지 기록되어 있음. 또한 수원 화성은 1997년 세계문화유산으로 등록되어 있음.

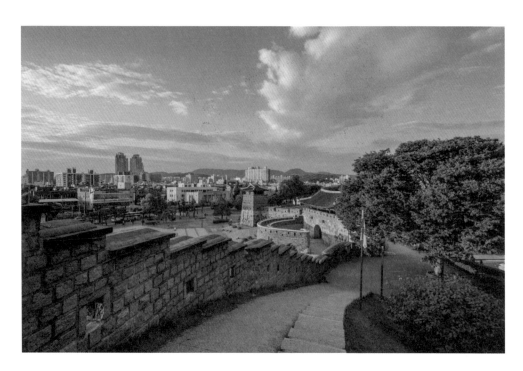

세계 최대 엔지니어링 협회인 미국토목학회가 '2004년도의 역사적인 토목구조물^{historical civil engineering landmark}'로 선정 발표하면서 세계적인 조명을 받고 있는 곳이 있다. 바로 1997년 유네스코가 세계문화유산으로 지정한 수원 화성이다.

지금까지 미국토목학회가 선정한 역사적 토목구조물들로는 세계적인 권위를 자랑하는 파나마 운하(1984년), 자유의 여신상(1985년), 에펠 탑(1986년), 수에즈 운하(2003년) 등이 있다. 아시아에서는 1995년 필리핀의 '계단식 논'이 최초로 선정되었고, 수원 화성은 두 번째로 선정된 구조물이다.

미국토목학회에서는 수원 화성이 '중국·일본 등지에서 찾아볼 수 없는 평산성^{平山城}으로 군사적 방어기능과 함께 정치적·상업적 기능을 함께 보유하고 있으며, 과학적이고 합리적이며 실용적인 구조로 되어 있는 동양 성곽의 백미라 할 수 있다'는 평과 함께 10여 가지에 이르는 선정 이유를 밝혔다.

유네스코에서도 수원 화성을 세계문화유산으로 지정하며 다음과 같이 평가했다.

"화성은 동서양을 망라하여 고도로 발달된 과학적 특징을 고루 갖춘 근대 군사 건축물로서의 가장 우수한 기능성을 갖춘 시설!"
"화성은 18세기 군사 건축물의 대표로서, 유럽과 극동아시아의 성축조술을 통합한 독특한 역사적 중요성을 가지고 있다."

세계적인 명소가 된 수원 화성은 조선왕조 제22대 정조 대왕이 세웠다. 당쟁에 휘말려 왕위에 오르지 못하고 뒤주 속에서 생을 마감한 아버지 사도세자의 묘를 경기도 양주에서 조선 최대의 명당인 수원의 화산(현재의 융릉)으로 옮기고, 화산 부근에 있던 읍치를 수원의 팔달산 아래로 옮기면서 축성되기 시작했다.

10년 정도 걸릴 거라고 예상했던 축성 기간은 단 2년 9개월밖에 걸리지 않았다. 오늘날처럼 첨단과학으로 무장한 건축공학이 발달했던 시기도 아닌데 짧은 기간에 완성해 놀라움을 준다.

이는 천재학자 정약용을 비롯하여, 당시의 성리학, 풍수지리, 정치, 경제, 과학 등 모든 지혜와 지식이 총동원된 까닭에 가능한 일이었다.

수원 화성의 유용성과 구조를 살펴보고 싶은 사람은 성곽 길을 직접 걸어보길 권한다. 전체 길이가 5.7km인 성곽 길을 걷다 보면 미국토목학회나 유네스코가 왜 그렇게 극찬했는지를 직접 확인할 수 있을 것이다.

수원 화성 성곽 길 걷기는 출발지점이 따로 있지 않다. 시민이나 관광객들이 쉽게 접근할 수 있도록 곳곳에 수원성곽으로 오르는 계단을 설치해 놓았지만 편의상 화성 성곽길은 다음과 같이 크게 3개 코스로 나눌 수 있다.

1코스 팔달문(남문)~서장대~화서문(서북공심돈),
2코스 화서문~장안문(북문)~화홍문(북수문)~방화수류정~동장대(연무대),
3코스 동장대~창룡문(동문)~봉돈~팔달문.

성곽길은 경사가 거의 없어 1~3코스 전체를 모두 걷는데 3시간 정도면 충분하다. 별도로 화성열차를 타고 화성을 일주하는 왕복 1시간의 관람코스도 관광객들의 인기를 얻고 있다.

서장대에서 수원 화성을 내려다보다

지금부터 화성 행궁의 뒷산인 팔달산 정상에 있는 서장대에서 출발하여 시계 방향으로 화성을 돌아보기로 하자.

화성 행궁에서 서장대에 오르려면 족히 백 개가 넘는 계단을 올라야 한다. 경사도 가파른데다 다소 높아 일반 계단을 오르는 것보다 배는 힘들다고 느낄 수 있지만, 서장대에 올라 파노라마처럼 펼쳐지는 수원시의 전경을 보는 순간, 올라가면서 흘렸던 땀을 모두 보상받을 수 있을 것이다. 서장대에서 보면 화성의 안쪽 시가지와 시가지를 둘러싸고 있는 성벽이 한눈에 들어온다.

팔달산 가장 높은 곳에 위치한 서장대는 정조가 직접 군사를 지휘했던 곳으로 알려져 있다. 2층 구조로 돼 있으며 나무목재와 돌이 알록달록한 단청과 잘 어우러져 지휘소로서의 근엄함을 보여주는 곳이다. 현재는 관광객들이 수원의 야경을 즐기는 곳으로도 유명하다.

웬 구멍들이 이렇게 많지?

이제 서장대에서 화서문을 향해 출발해보자.

서장대에서 화서문을 향해 걷는 길은 내리막길로, 굽이굽이 부드럽게 이어진 성벽과 소나무로 둘러싸여 있다. 그래서인지 마치 타임머신을 타고 1800년대 조선으로 옮겨와, 잠시 성을 지키는 병사가 된 듯한 느낌이 들기도 한다.

성벽을 따라 걷다 보면 가장 먼저 여장(성벽 위에 둘러싸인 담)에 수없이 많이 뚫려 있는 구멍들을 보게 될 것이다. 구멍을 통해 바깥을 내다보면 아래쪽으로 뚫린 경사각의 크기가 다르다는 것을 알 수 있다. 3개씩 한 세트를 이루는 구멍들 중 가운데 것은 큰 경사각을 이루며 가파르게 아랫방향으로 뚫려 있는 반면, 양쪽의 구멍은 수평으로 뚫려 있다. 다른 여장으로 옮겨 계속 구멍들을 살펴보면 이 역시 경사각이 다르게 뚫어져 있음을 확인할 수 있다. 도대체 이 구멍들의 정체는 무엇이며, 경사각을 다르게 한 이유는 무엇일까?

이 질문에 대한 답은 수원 화성이 적을 방어하는 성이라는 사실에서 짐작해볼 수 있다. 추측건대 몸을 숨긴 채 적들의 동태를 살피기 위한 구멍이었으리라. 또 실제로는 숨어서 총을 쏘는 곳이기도 해서 총안이라고 한다.

서쪽 성벽 출처: 문화재청

총을 쐈던 곳이니만큼 경사각이 다른 두 구멍에 직접 총을 넣고 쏜다고 상상하면 그 이유를 대충이나마 짐작할 수 있지 않을까?

각각의 구멍을 통해 총을 쐈을 때 총알이 닿을 것이라 예상되는 지점을 기억한 다음, 여장 너머로 확인해보자. 분명히 어떤 차이가 느껴질 것이다.

적이 성벽을 공격해 올 경우, 경사가 가파른 가운데 구멍으로 성벽 바로 아래까지 다가온 적병을 방어할 수 있다. 이에 반해 양쪽 2개의 구멍으로는 성벽에서 멀리 떨어져 있는 적병을 제지할 수 있다. 따라서 가운데 구멍을 근총안, 양쪽 2개의 구멍을 원총안이라고 한다.

그렇다면 두 총안의 각도는 어떻게 되기에 이러한 방어가 가능한 것일까?

간편하게 각을 잴 수 있는 도구인 클리노미터를 사용하여 경사각을 확인해 보면, 여장이 위치한 지형에 따라 약간씩 다를 수 있지만 보통 원총안은 거의 수평을 이루며 경사각이 수평방향에 대해 $0°{\sim}10°$ 사이인 반면, 근총안은 $35°{\sim}45°$

사이를 이루고 있다.

그렇다면 평지인 바닥에서 대략 5m 높이에 있는 원총안과 근총안에서 적을 향해 겨누는 총구의 경사각이 수평방향에 대하여 7°와 38°가 되도록 각각 총을 쏘았을 때 성벽에서 얼마만큼 떨어져 있는 병사를 맞출 수 있을까?

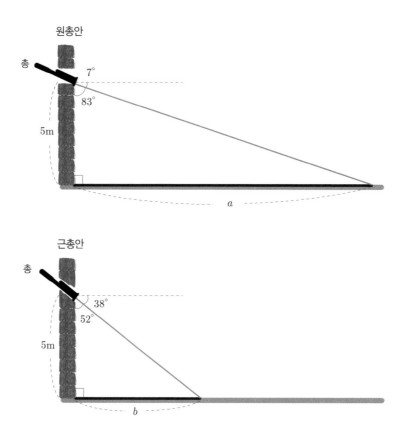

다음 그림과 같은 직각삼각형에서 삼각비를 이용하면 이는 간단히 알아낼 수 있다.

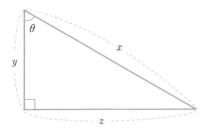

$$\sin\theta = \frac{z}{x}, \cos\theta = \frac{y}{x}, \tan\theta = \frac{z}{y}$$

　원총안과 근총안에서 총을 쏠 때 총알의 날아가는 거리를 대략 다음과 같이 각각 구할 수 있다.

$\tan 83° \fallingdotseq 8.14$, $\tan 52° \fallingdotseq 1.28$이므로

$$\tan 83° = \frac{a}{5} \quad \Rightarrow \quad a = 5 \times \tan 83° \quad \Rightarrow \quad a \fallingdotseq 5 \times 8.14 = 40.7\,(\text{m})$$

$$\tan 52° = \frac{b}{5} \quad \Rightarrow \quad b = 5 \times \tan 52° \quad \Rightarrow \quad b \fallingdotseq 5 \times 1.28 = 6.4\,(\text{m})$$

　원총안을 이용해 총을 쏠 수 있는 거리는 근총안을 이용해 총을 쏠 수 있는 거리에 비해 거의 6~7배 정도의 차이가 난다. 따라서 원총안과 근총안의 서로 다른 경사각도는 엄밀한 계산을 통해 성벽 바로 아래까지 접근해 온 적병과 멀리 있는 적병을 효과적으로 공격할 수 있도록 정해진 것임을 알 수 있다.

넓은 시야가 확보되는 또 다른 구멍 타구!

　수원 화성의 성벽은 적의 침입에 대비한 과학적 집대성인 만큼 성벽을 조금 더 살펴보기로 하자. 여장과 여장 사이에 총안과는 다른 윗부분이 뚫려 있는 또 다른 구멍이 보일 것이다. 정사각형 모양의 총안과 달리 기다란 직사각형 모양

타구

인 이 구멍을 타구라고 한다.

　총안만으로는 적을 방어하는 것이 부족했던 것일까?

　사실 총안이 수없이 많긴 하지만 분명 사각지대는 생긴다. 그렇다고 여장 위로 머리를 내민 채 적의 동태를 살피는 것은 너무 위험하다. 어디에서 총알이 날아올지 알 수 없기 때문이다. 이때 타구를 이용하면 적에게 몸을 노출시키지 않은 상태에서 급박한 순간에 총만이 아니라 화살도 쏠 수 있고, 총안에 비해 위아래로 자유롭게 총을 움직일 수 있어 가깝거나 멀리 있는 적병을 쏠 수 있다. 또 여장의 모서리가 $90°$의 각진 모양이 아닌 비스듬하게 깎여 있어 훨씬 넓은 시야를 확보할 수 있다는 장점도 있다. 위에서 여장을 보면 직사각형이 아닌 기다란 육각형 형태를 이루고 있다.

　만일 여장을 육각형이 아닌 직사각형 형태로 만들었다면 어땠을까? 육각형 여장에 비해 훨씬 시야가 좁았을 것이다. 넓은 시야 확보가 필수인 성벽에서 말이다.

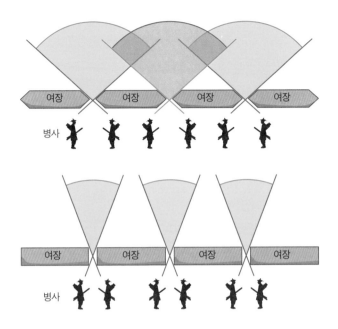

　5km가 넘는 수원 화성의 성벽은 이와 같이 원총안, 근총안, 원총안, 타구가 계속하여 반복되는 구조로 이루어져 있다. 이것은 곧 여장에 몸을 숨긴 채 타구 등으로 확보된 넓은 시야를 통해 사방의 적을 살필 수 있도록 성벽을 설계하여 적이 어느 위치에 있든 공격하기 위한 것임을 알 수 있다. 이런 점만 봐도 수원 화성이 얼마나 섬세하고 치밀한 계산을 거쳐 건축되었는지를 짐작가능하다.

꿩의 생존전략을 빌려 건물을 설치하다

　이제 다시 발길을 옮겨 화성의 또 다른 면을 살펴보기로 하자. 성곽길을 따라 걷다 보면 어느 정도의 간격을 두고 설치된 몇 개의 시설물들을 만나게 될 것이다.

그런데 독특하게도 시설물들이 하나같이 성벽 안쪽이 아닌 바깥쪽으로 튀어나와 있다. 성벽 안쪽의 공간을 넓게 사용하기 위해서였을까?

치밀하면서도 계산에 능했던 정약용이 제2의 도성이 될지도 모를 화성을 설계한 것이니 단순한 공간 확보차원이 아닌 다른 숨은 이유가 있었을 것이다.

오른쪽 지도에서 각 시설물의 위치를 살펴보며 각 시설물들이 성벽 바깥쪽으로 튀어나와 있을 때와 튀어나와 있지 않을 때 어떤 차이가 있을지 생각해보기로 하자.

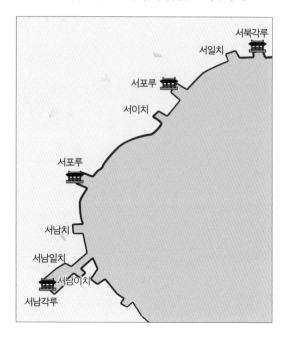

만일 시설물들이 성벽 바깥쪽으로 튀어나와 있지 않으면 어느 특정 부분을 공격하는 적을 물리치기가 어려울 수도 있다. 이는 적을 공격할 수 있는 방향이 성벽 안에서 바깥쪽으로 한 방향이기 때문이다. 하지만 시설물들이 바깥쪽으로 튀어 나와 있으면 세 방향에서 적을 보다 효율적으로 공격할 수 있다. 그것도 몸을 숨긴 채 말이다. 즉 이 시설물들은 병사들이 서로 협력하여 방어하거나 협공할 수 있도록 설치된 것이라 할 수 있다.

이런 아이디어는 성문을 공격하는 적을 방어하기 위해 성문의 좌우에도 적용되어 있다. 화성의 4대문 중 장안문과 팔달문 양쪽에는 매우 가깝게 적대를 설치하여 세 방향에서 적을 방어하도록 했다.

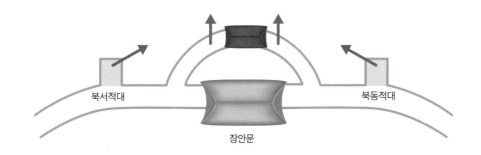

북서적대　　　　　　　　　　　　　　　　　北동적대

장안문

한편 성벽 바깥쪽으로 튀어나온 시설물 중에는 서이치, 서일치와 같이 '치'를 붙인 명칭들이 많다. 이런 명칭을 붙인 데에는 흥미로운 이유가 숨겨져 있다. '치'는 '꿩'을 뜻한다. 제 몸을 숨기고 밖을 잘 엿보는 꿩의 생존전략법을 생각하여 이런 재미있는 이름을 붙였다고 한다. 사실 '치'는 고구려 시대부터 이어져 내려오는 우리나라의 전통적 축성술로, 정약용은 화성을 설계할 때 적을 방어하는 이런 효율적인 수단을 놓치지 않고 적용한 것이다.

화성을 철옹성이라 하는 또 다른 이유!

여기서 잠깐! 근총안과 원총안 타구의 반복적인 배치와 여러 시설물들이 바깥으로 튀어나온 이유만 알고 가기에는 정약용의 위대한 생각을 다 읽었다고 할 수 없다. 우리가 미처 상상치 못한 또 다른 위대한 생각이 숨어 있기 때문이다.

그것은 바로, 시설물들 사이의 간격이다. 자세히 살펴보면 시설물 사이의 간격이 일정하다는 것을 알 수 있다. 이는 대체 어떤 기준으로 정한 것일까?

잠시 정약용이 되어 상상해보자. 이 시설물들의 용도가 방어를 위한 것이니만큼, 아마도 당시의 방어무기인 국궁의 사거리를 기준으로 하여 정하지 않았을까? 당시 국궁의 사거리는 145m로 120보 정도였다. '1보'는 사람이 두 발을 모두 한 발짝씩 움직인 거리로 약 1.2m를 말한다. 따라서 '120보'는 '144m' 정도가 되는 셈이다. 실제로 성벽을 따라 걷다 보면 간격이 많이 벌어진 듯 보이는 시설물들도 약 120보~150보(약 140m~180m)의 간격으로 배치되어 있는 것을 알수 있다.

각 시설물 사이의 간격에 숨겨진 비밀을 알아보기 위해, 세 시설물이 각각 120보, 150보의 간격으로 세워져 있다고 가정해보자. 각 시설물의 한 중앙을 원의 중심으로 하고 사거리 120보를 반지름으로 하는 반원을 성벽에 그려보면, 각 시설물 사이의 간격을 최대 약 120보~150보로 한 이유를 짐작할 수 있다.

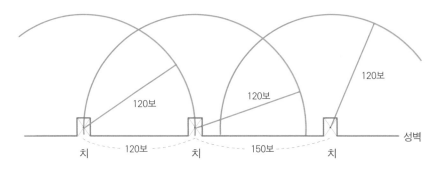

이런 과정을 화성전체로 확대하여 성곽 위의 모든 공격시설을 중심으로 원 모양의 수비범위를 그려보면 어떨까?

정말 물샐 틈 없다~는 말이 이해될 것이다. 성을 둘러싸고 2중, 3중의 방어망이 형성되어 있는 것이

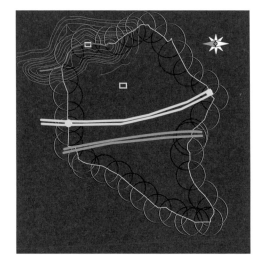

다. 이 방어망 속에서는 결코 사각지대를 발견할 수 없다. 결국 수원 화성은 적의 침입을 허용하지 않는 철옹성으로 설계되었던 것이다.

성벽을 낮게 쌓은 데는 이유가 있었군!

조상들의 지혜를 경험하며 성곽길을 따라 걷다 보면 이상한 점을 발견할 수 있을 것이다. 성벽치고는 높이가 그다지 높지 않다는 사실이다. 2~3명의 성인 남성이 힘을 합치면 금방이라도 성벽을 넘어올 수 있을 것 같다. 보통 성이라면 전쟁과 비상사태가 발생할 때 가장 중요한 방어막의 역할을 해야 하는데도 화성 성벽의 평균 높이는 4m, 높은 곳도 5m에 불과할 뿐이다. 과연 그 이유는 무엇일까?

화성을 짓기 전에는 성이라면 무조건 성벽을 높게 쌓았다. 그 이유는 당시의 무기에 대해 조금만 조사해보면 금방 알 수 있다. 화살이나 창, 돌이 주무기였던 까닭에 성벽이 높을수록 적을 방어하기가 쉬웠기 때문이다.

하지만 화포의 등장으로 주력 무기가 바뀌면서 상황이 달라졌다. 화포는 돌로 높게 쌓아 올려 웅장한 자태를 뽐내던 높은 성벽을 종이호랑이로 만들었다. 성벽 아래쪽을 공격당할 경우 한꺼번에 무너질 가능성이 높았기 때문이다. 따라서 화포의 공격을 견뎌내는 것이 성곽의 중요한 과제가 되었다. 이를 위해 화성에서 택한 방법은 세 가지다. 그중 한 가지가 바로 성벽의 높이를 낮게 하는 것이었다.

화포의 공격에 대응하기 위해 수원 화성이 대비한 또 다른 것은 바로 외축내탁 방식으로 성벽을 쌓았다는 것이다. 바깥에서 보이는 성벽은 밑에 큰 돌을 깔고 위로 올라갈수록 작은 돌을 쌓았으며(외축) 그 안쪽은 자갈과 흙을 두껍게 다져 넣어(내탁) [그림 1]과 같이 단면이 사다리꼴 형태가 되도록 넓고 완만한 언덕을 만들었다. 이는 안쪽에 흙을 쌓아 성벽이 화포의 공격을 받더라도 쉽게 무

안쪽은 자갈과 흙

[그림 1] 외축내탁 방식

외축내탁 방식

너지지 않도록 하기 위해서였다.

세번째 방법은 바깥쪽 성벽은 성돌의 크기 및 형태를 치밀하게 계산하여 쌓았다는 것이다. 남한산성과 비교했을 때 화성은 성돌의 크기가 큰 것을 사용했다. 남한산성은 가로 30~45cm, 세로 20~25cm의 성돌을 사용한 반면 화성은 가로 40~60cm, 세로 40~50cm의 성돌을 사용했다. 성돌의 크기가 작을 경우, 화포의 공격으로 일부가 깨지면 다른 돌들이 함께 빠져나갈 위험이 크기 때문이었다.

성돌의 길이 또한 70~80cm 내외로 깊게 만들어서 쉽사리 빠지지 않도록 했다. 이것은 일반성돌보다 3배는 긴 길이였다. 또 길이가 더 길고 끝부분을 갈퀴

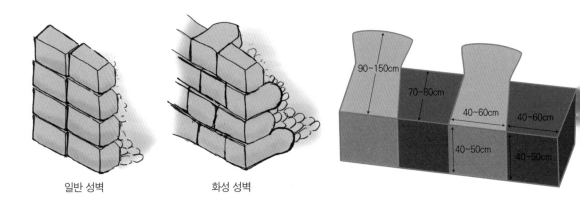

일반 성벽

화성 성벽

처럼 만든 심석을 사용하여 일반성들과 맞물려지게 쌓았다. 지금과 같은 콘크리트나 시멘트 등이 사용되지 않았기 때문에 돌들이 서로 움직이지 않게 하려는 고민 끝에 생각해낸 아이디어였다.

이렇게 쌓은 성벽은 화포의 공격은 물론, 지진에 대해서도 충분히 버텨낼 수 있을 만큼 견고하다고 한다.

수문을 받들고 있는 오각기둥의 숨은 역할

발길 닿는 곳마다 조상들의 섬세하고 정교한 손길이 느껴지는 성곽길을 따라 걷다 보면 어느 새 수문이 있는 화홍문에 도달하게 된다. 이곳에서도 우리는 견고한 성벽을 짓기 위한 조상들의 또 다른 지혜를 엿볼 수 있다. 천을 따라 흐르는 물이 성안으로 들어오는 수문일 뿐인데, 여기에 어떤 지혜가 숨어 있는 것일까?

수원 화성에는 남북으로 흐르는 수원천 위에 2개의 수문인 북수문과 남수문을 세웠다. 시내를 관통하는 개천이 범람하지 않도록 물길을 조정하는 구실을 했던 곳으로, 북수문은 무지개처럼 생긴 문을 뜻하는 7칸의 홍예문을 내어 수로를 만들고, 그 위에는 다리를 만들어 병사들이 다닐 수 있도록 했다.

또 수문 북쪽의 경계와 감시를 위해 누각을 만들고 여러 가지 방어시설을 갖추었다. 여러 개의 총안을 만들어 유사시 총을 쏘아 방어할 수 있도록 하는가 하면, 수문 역시 성벽의 일부로 설계해 각 아치문에는 쇠로 만든 살창을 설치한 뒤 적이 침입하는 것에 대비했다.

그런데 다리 위에 이렇게 무거운 누각을 지으려면 매우 튼튼한 다리를 지어야 한다. 이를 위해서는 먼저 흘려내려오는 물에 대한 저항력을 높이는 것이 선결되어야 할 것이다. 전문 설계가는 아니지만 정약용이 이것을 놓쳤을 리가 없다.

실제로 상류 방향에서 내려오는 물살과 마주치는 돌무지개 다리 부분을 자세

남수문

북수문(화홍문)–뒷면

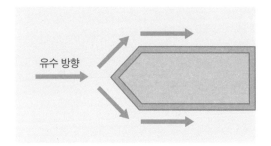

유수 방향

유수 방향

히 살펴보면, 물이 처음 다리와 부딪히는 곳을 이등변삼각형 모양으로 만들어 물살이 좌우로 자연스럽게 갈라지게 해 놓은 것을 볼 수 있다. 이게 뭐 대단한 거라고 호들갑을 떠는지 모르겠다면 다음 이야기를 들어보시라.

물이 다리와 부딪히는 힘을 최소화시켜 육중한 누각의 무게를 버텨내는 견고한 수문이 되도록 하는 중요한 역할까지 가능하도록 만든다는 것은 조선시대의 환경을 떠올려 봤을 때 대단한 일이 아닐 수 없다.

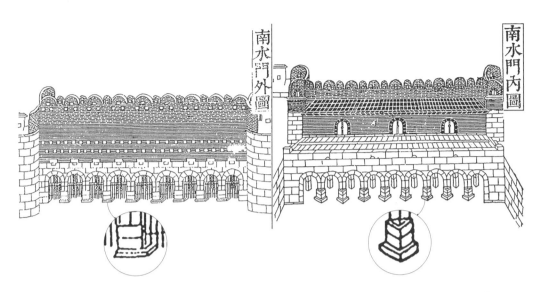

7칸의 북수문에 비해 남수문은 9칸의 돌 홍예문(상부가 무지개 모양인 문)으로 되어 있다. 칸 수를 다르게 한 이유는 무엇일까? 홍수가 발생했을 때 들어오는 물의 양보다 빠지는 물의 양을 많게 하기 위함이다.

또 일곱 칸의 돌 홍예문은 얼핏 보면 똑같은 크기로 보이지만 자세히 보면 가운데 칸의 크기가 더 크다는 것을 알 수 있다. '화성성역의궤'에서도 한 가운데 칸은 폭 9척, 높이 8.3척인데 비해 나머지 여섯 칸들은 모두 폭이 8척, 높이 7.8척이라고 기록되어 있다.

그런데 만약에 똑같은 크기로 일곱 칸의 홍예를 만들었다면 어땠을까? 군이

폭: 8척, 높이: 7.8척   폭: 9척, 높이: 8.3척

화홍문(華虹門)은 성의 북수문이다. 북수문에는 물이 흐를 수 있도록 7개의 홍예문이 있고, 남수문과 달리 누각이 있다.

가운데 칸의 크기를 달리 한 이유는 무엇일까?

바로 착시현상 때문이다. 7칸을 모두 똑같은 크기로 만들면 가운데 있는 칸들이 쳐져 보이게 되지만 가운데 수문을 넓이고 높이를 높임으로써 착시현상을 교정한 것이라 할 수 있다. 가운데 칸이 다른 칸보다 크고 폭이 넓어서 양쪽 끝칸들이 작아 보일 것 같지만 전혀 그렇게 보이지 않는다. 놀랍게도 착시현상으로 7칸이 모두 똑같은 크기로 보인다.

이로 인해 북수문은 전란에 대비한 방어시설인 동시에 하천의 범람을 막아 수위를 조절하는 역할과 함께 조형적인 아름다움까지 갖춘 군사적·토목기술적인 면에서 뛰어난 교량구조물로 평가받고 있다.

인부들의 힘을 덜어주는 기기, 거중기

엄청난 규모의 화성 건설 시 채석장이나 성벽을 쌓는 과정에서 큰 돌을 들어 올리는 것은 매우 힘들고 많은 인력이 동원되어야 했다. 이에 정약용은 적은 힘으로 무거운 돌을 들어 올리는 방법을 고심하던 중, 중국에서 가져온 책 《기기도설》을 참고하게 되었다. 그리고 서양의 도르래 원리를 이용하여 우리나라 실정에 맞게 고안해 낸 기기가 바로 거중기이다. 거중기는 고정도르래와 움직도르래를 함께 사용한 복합도르래로 모양은 다소 복잡하게 생겼지만 확실히 힘을 절약할 수 있다.

그렇다면 거중기를 사용하면 얼마나 힘이 적게 드는 걸까?

이 질문에 답하기에 앞서 먼저 도르래의 원리에 대해 알아보자. 고정도르래를 사용하여 무게가 w인 물체를 높이 h만큼 들어 올리는 경우를 떠올려보자. 고정도르래는 물체에 가하는 힘의 방향을 바꾸기 위해 사용한다. 물체를 아래에서 위로 들어올리기가 불편한 까닭에 도르래를 통해서 힘의 방향을 바꾸어 위에서 아래로 당기는 것으로, 힘이 줄어들지는 않는다.

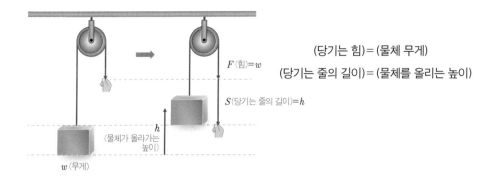

(당기는 힘)＝(물체 무게)
(당기는 줄의 길이)＝(물체를 올리는 높이)

F(힘)$=w$

S(당기는 줄의 길이)$=h$

h
(물체가 올라가는 높이)

w(무게)

반면 움직도르래를 사용하면 힘을 절약할 수 있다. 무게가 w인 물체를 움직도르래를 사용하여 들어 올릴 경우에는 물체가 2개의 줄에 매달려 있으므로 각 줄이 감당하는 무게는 각각 그 절반인 $\frac{1}{2}w$가 된다. 따라서 물체 무게의 절반의 힘만 주어도 물체를 들어올릴 수 있다. 하지만 높이 h만큼 들어 올리려면 두 개의 줄 또한 동시에 높이 h만큼 올라가야 한다. 그런데 한 개의 줄이 천장에 고정되어 있으므로 줄을 당기는 쪽에서 그 길이를 $2h$만큼 당겨야 물체는 h만큼 올라가게 된다. 즉 1개의 움직도르래를 사용하면 당기는 힘은 절반으로 줄지만 물체를 원하는 높이까지 올리려면 당기는 줄의 길이는 2배로 잡아당겨야 하는 것이다.

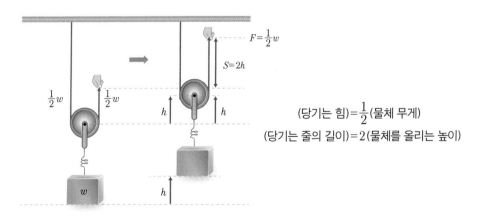

$F=\frac{1}{2}w$

$S=2h$

$\frac{1}{2}w$ $\frac{1}{2}w$

h h

w

h

(당기는 힘)＝$\frac{1}{2}$(물체 무게)
(당기는 줄의 길이)＝2(물체를 올리는 높이)

이것으로 보아 힘을 적게 들이려면 움직도르래를 최대한 많이 사용하는 것이 좋다는 것을 알 수 있다. 그래서 고정도르래와 움직도르래를 함께 사용한 복합도르래를 많이 사용한다. 복합도르래를 사용하면 힘은 물체 무게의 $\frac{1}{6}$과 $\frac{1}{8}$만큼을 들이면 된다. 대신 줄의 길이는 들어올리는 높이의 6배, 8배만큼 잡아당겨야 한다.

한 마디로 복합도르래는 물건을 쉽게 들어 올릴 수 있을 뿐 아니라, 움직도르래의 수에 따라 몇 사람만 있어도 매우 무거운 물체를 들어 올릴 수 있게 된다.

수평으로 연결된 복합 도르래

$\frac{w}{6}$ $\frac{w}{6}$ $\frac{w}{6}$ $\frac{w}{6}$ $\frac{w}{6}$ $\frac{w}{6}$

w

$F = \frac{w}{6}$

수직으로 연결된 복합 도르래

$\frac{w}{8}$

$\frac{w}{8}$

$\frac{w}{4}$ $\frac{w}{4}$

$F = \frac{w}{8}$

$\frac{w}{2}$ $\frac{w}{2}$

w

이번에는 거중기를 살펴보자.

거중기는 수평으로 연결된 4개의 움직도르래와 4개의 고정도르래로 구성된 복합도르래이다. 이때 각 줄에 걸리는 무게는 무거운 돌의 무게인 w의 $\frac{1}{8}$씩으로, 이 무거운 돌을 들어 올리기 위해서는 양쪽에서 돌 무게의 $\frac{1}{8}$만큼의 힘으로 줄을 잡아당기면 된다. 만일 200kg의 무거운 돌을 들어 올리려면 양쪽에서 25kg의 힘으로만 줄을 당기면 되는 것이다. 대신 돌을 1m 들어 올릴 때 당기는 줄의 길이는 양쪽에서 각각 4m씩, 즉 총 8m를 잡아 당겨야 한다.

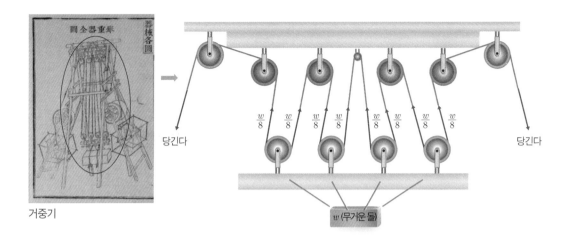

거중기

$$\frac{w}{8} \quad \frac{w}{8} \quad \frac{w}{8} \quad \frac{w}{8} \quad \frac{w}{8} \quad \frac{w}{8} \quad \frac{w}{8} \quad \frac{w}{8}$$

당긴다

당긴다

w (무거운 돌)

힘의 방향을 바꿔주는 고정도르래와 힘의 크기를 줄여주는 움직도르래의 원리를 적절히 이용하여 힘을 더 줄일 수 있지 않을까? 하지만 거중기 자체의 무게도 상당해서 이동이 어려웠던 관계로, 도르래를 더 추가하지 않았던 것으로 생각된다.

수원 화성에서의 수학데이트를 마치며

지금까지 한 이야기들은 수원 화성의 일부에 대해서만 알아본 것이다. 이곳의 생활상이나 궁중의식 등 무형의 것도 살펴봐야 화성이 가진 매력을 좀 더 정확히 느낄 수 있다. 이를 충족시켜줄 곳이 바로 인근에 위치한 수원 화성박물관과 화성 행궁이다.

화성박물관에서는 화성성역 의궤 및 화성의 축조 과정, 정조가 어머니 혜경궁 홍씨의 60번째 생일을 축하하기 위해 화성 행궁에서 베푼 진찬연의 모형, 공심돈 내부구조 등 화성에 대한 모든 것이 전시돼 있다. 그래서 성곽 길을 걷기 전이나 후에 꼭 화성박물관을 둘러볼 것을 강력 추천한다.

클리노미터 만들기와 사용법

준비물 각도기, 실, 빨대, 클립, 테이프, 가위

클리노미터 만들기

① 각도기에서 원의 중심 부분에 실의 한쪽 끝을 묶
   거나 테이프로 고정시킨다.

② 실의 다른 쪽 끝은 클립 등을 매달아 실이 아래
   로 쳐지게 한다.

③ 각도기 직선 부분에 빨대를 붙인다.

클리노미터 사용법

목표물을 바라보는 시선 방향과 클리노미터의 빨대를 일치하게 눈에 댄 다음, 아래로 쳐진
실을 손가락으로 고정시켜 실이 가리키는 각도를 확인한다.

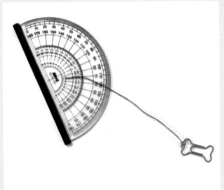

○   ✕

실이 각도기의 중심에서 바로 아래로 쳐지게 해야 한다.

측량과 지도 정보가
한자리에 모인
지도박물관

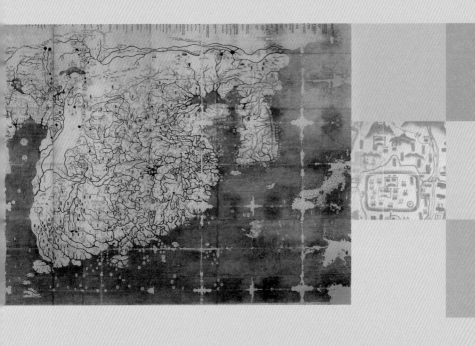

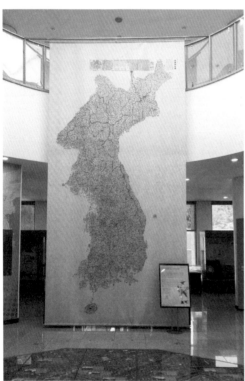

박물관의 중앙홀에 전시된 조선시대 김정호의 대동여지도는 현존하는 전국지도 중 가장 큰 대형지도로 가로 약 4미터, 세로 약 7미터의 3층 이상의 공간이 있어야 걸 수 있는 크기이다.

(야외전시관) 김정호 선생님의 동상. 김정호 선생님은 한평생을 지도 제작에 헌신한 조선시대 대표적인 지리학자로, 1861년 대동여지도를 완성해 우리나라 역사상 가장 정밀한 지도를 만드신 분이다.

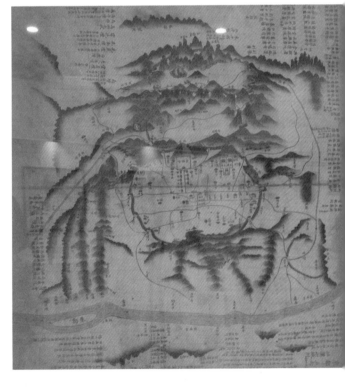

지도박물관은 김정호의 대동여지도를 볼 수
있는 중앙홀, 조선시대에 제작된 세계지도
부터, 도별도, 도성도, 외국고지도 등을 관
람할 수 있는 역사관, 세계 각국의 지구본,
측량, 지도제작 기기와 독도 항공 영상도 볼
수 있는 현대관, 핸들로 조작해서 직접 위치
를 선택해 항공사진을 확대, 축소해 볼 수도
있는 우리국토 3D공간정보 체험관 및 야외
전시장으로 꾸며져 있다.
관람은 역사관 ⇨ 중앙홀 ⇨ 현대관 ⇨ 야외
전시관 순서로 하는 것이 좋다.
현대관에서는 독도에 관해서도 전시하고 있
어 독도가 왜 우리의 영토인지를 확인해 볼
수 있다.

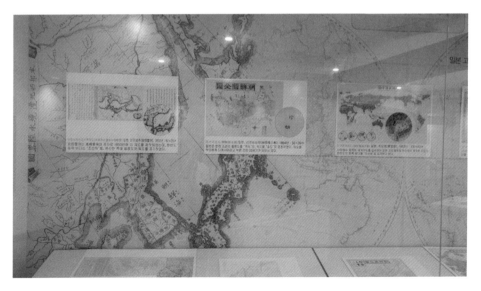

　누구나 한번쯤 세계지도를 보며 환상적인 세계여행을 꿈꾸거나, 우연히 보물
지도를 발견하고 떠나는 모험을 상상해보지 않았을까? 별 생각 없이 지도를 보
면 선이나 여러 기호들로만 이루어진 단순한 그림처럼 보이지만, 지도에 다양한
정보가 들어 있다는 것을 제대로 알고 찬찬히 들여다보면 지도 속의 세상이 생
생히 살아 움직이는 것처럼 느껴질 것이다. 어쩌면 지도는 우리가 보고 싶은 세
상을 한 장의 종이 위에 담아놓은 마법의 물건 같은 것일지도 모른다.

　지도가 품은 흥미로운 세상을 유쾌하게 볼 수 있기 위해서는 먼저 지도를 제
대로 볼 수 있는 눈이 필요하다. 이를 위해 경기도 수원에 위치한 지도 및 측량
전문 박물관인 국내 유일의 지도박물관을 답사하고 측량체험을 해보면 어떨까?

　이곳은 국내외의 고지도에서부터 세계 각국의 다양한 지구본까지 여러 가지
형태의 지도를 살펴볼 수 있으며, 지도 제작 과정 및 지도와 관련된 다양한 체험
도 가능하다. 이곳의 운영은 우리나라 지도를 만드는 국가기관인 국토지리정보
원에서 하고 있다.

　지도박물관은 크게 역사관과 현대관, 중앙홀, 야외전시장으로 나누어져 있다.
특히 역사관 한켠에서는 한동안 이슈가 되었던 우리나라 동해의 명칭과 관련하
여 고지도가 들려주는 '동해' 바다 이야기전이 전시 중으로, 동해 명칭을 사용하

는 타당성에 대해 깊이 있게 알아볼 수 있다. 그럼 지금부터 지도 위의 세상을 만나러 박물관 안으로 들어가보자.

우리 고지도의 진가를 엿볼 수 있다

먼저 들러볼 곳은 역사관이다. 역사관에서는 지도의 역사 및 변천사를 살펴볼 수 있다. 천천히 둘러보며 오늘날의 지도가 만들어지기까지 어떤 변화를 거쳐왔는지 살펴보는 즐거움을 빼놓지 말자.

고대인들은 어떻게 지도를 그리게 되었을까? 아마도 무언가를 기억해 둘 일이 있거나 알려야 할 일이 생겼을 때, 자신의 거주지 주변을 지도로 표현하기 시작한 것이 시초이지 않을까 생각한다. 그러다 점차 먼 곳으로 여행이나 탐험을 가게 되면서 더 넓은 지역을 지도에 담기 시작했을 것이다.

전시된 지도를 살펴보다 보면 세계에서 가장 오래된 바빌로니아인들이 만든 점토판 지도를 만나게 될 것이다. 몇 개의 선과 원으로 주변의 가까운 곳을 나타

바빌로니아 점토판 지도

천하도

낸 것으로 추정되는 이 지도는 오늘날의 시각으로 보면 과연 이것이 지도일까 의문이 들지도 모른다. 그곳에서는 가까운 거리마저도 표현하기가 어려웠던 고대에, 다른 지역의 고대인들이 만든 세계지도도 만나볼 수 있다. 그중에서도 매우 독특해 보이는 세계지도는 〈산해경〉에 나오는 '천하도'이다. 중국을 한 가운데에 놓고 전해오는 이야기를 바탕으로 상상력을 발휘해 둥글게 만든 세계에 다양한 나라들을 표현한 지도이다.

우리나라는 어땠을 까? 전해 내려오는 지도 중 우리나라에서 만든 가장 오래된 지도는 〈혼일강리역대 국도지도〉로, 1402년에 제작된 조선 최초의 세계지도이다. 하지만 단지 전해 내려오는 것이 없을 뿐 이 지도보다도 더 앞선

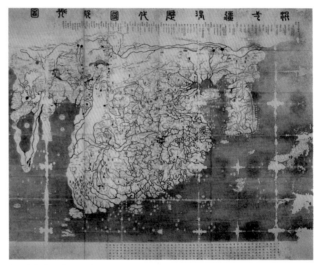
혼일강리역대국도지도

또 다른 지도들이 만들어졌던 것으로 추정되고 있다.

이 지도는 우리나라뿐 아니라 동아시아 전체에서 가장 오래된 세계지도이다. 지도를 살펴보면 오늘날의 세계지도에 비해 상당히 투박하다는 것을 느낄 수 있을 것이다. 또한 우리나라가 비정상적으로 크게 그려져 있어 우리나라에서 제작했다는 것을 짐작할 수 있다.

이 지도는 조선 초의 세계에 대한 인식 범위를 알려주는 중요한 자료로서 동양 중심의 세계관을 보여주고 있지만 세계 여러 나라의 지명 130여 개를 표시하

는 등 당시의 지리정보를 충실히 담아낸 지도이기도 하다.

조선시대의 지도로는 김정호의 대동여지도가 가장 유명하며 대동여지도는 지금도 훌륭한 지도로 그 가치를 인정받고 있다.

지도에도 주민등록번호가 있다?!

역사관에서 지도의 변천과정을 살펴본 후 현대관 코너에 이르면 현대의 지도 및 지도 제작 과정을 살펴볼 수 있다. 지도 제작 과정은 항공사진, 지상측량, 위성영상을 이용하여 제작하는 과정으로 각각 나누어 설명하고 있다.

전시된 지도를 보며 지도에 기본적으로 담아야 할 요소가 어떤 것들이 있는지 살펴보자.

특수 지도가 아닌, 일반 지도에는 보통 지형도 및 도엽명과 도엽번호, 색인도, 편차각도표, 행정구역색인표, 제작/인쇄/수정년도표, 축척, 범례, 좌표 등의 기본정보를 담는데, 이것은 지도에 생명을 불어넣는 작업과도 같다. 특히 도엽번호는 지도의 주민등록번호와 같은 것으로, 위쪽 여백 오른쪽이나 왼쪽에 NJ 52-9-11과 같은 형식으로 나타낸다. 여기서 잠시 이 도엽번호가 어떻게 만들어졌는지 알아보기로 하자.

우리나라 지도의 도엽번호의 예

	도엽번호 NJ-52-10-27	
N	북반구를 뜻함. 남반구일 때는 S로 나타냄.	
J	북반구를 위도 4°씩 구획하여 A, B, C, 순으로 부여한 번호 중 J번째라는 의미.	
52	날짜변경선(경도 180°선)에서 동쪽(지구 자전방향)으로 360°를 6°씩 구획하여 1, 2, 3, , 60 순으로 부여한 번호 중 52번째(동경126°~132°)라는 의미. ※ 따라서 경도와 위도에 따라 각 구역이 설정되는데 이 때 한 구역의 가로×세로 크기는 각각 6°×4°가 되는 셈이다.	
10	J와 52로 만들어진 구역을 다시 가로, 세로 각각 4 등분하여 왼쪽 상단부터 번호를 매겼을 때 10번째의 구역	
27	10구역을 다시 가로 7, 세로 4 등분하여 왼쪽 상단에서부터 번호를 매겼을 때 27번째의 구역. ※ 포항 장기곶, 울릉도, 남서해 일부도서지방은 29~36 별도 구역으로 설정함(예:울릉, 도엽번호 NJ 52-10-29).	

위와 같은 방법으로 지표면을 분할하면 빠지거나 겹치는 곳 없이 정확하게 분할할 수 있게 된다. 이것은 곧 분할된 각 구역과 도엽번호가 정확히 일대일로 대응되어, 한 구역에 2개 이상의 도엽번호가 배정될 수 없다는 것을 의미한다. 실제로 도엽번호는 국제지리학회에서 정한 만국색인번호로, 지도를 청구할 때나 보관, 정리할 때 사용되고 있다.

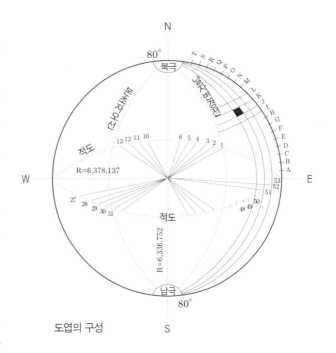

도엽의 구성

축척으로 실제 거리를 줄인다

전시된 지도를 보면서 1:50,000, 1:250,000, $\frac{1}{50,000}$, $\frac{1}{250,000}$과 같이 비[ratio]나 분수로 나타내거나 막대자가 그려져 있는 것을 본 적이 있을 것이다. 이것들의 정체는 무엇일까? 지도에 표시해 놓은 걸로 보아, 아마도 지도제작과 관련 있거나 지도를 읽을 때 도움이 되는 것임을 쉽게 떠올릴 수 있을 것이다.

이것들은 대부분의 지도에서 볼 수 있는 것으로 **축척**이라고 한다. 축척은 지도에 담는 가장 기본적인 정보 중 하나이다. 지도는 실제 지표면의 세상을 작은 크기의 종이 위에 그리기 때문에 실제의 거리를 엄청나게 줄여서 나타낼 수밖에 없다. 이때 얼마만큼 축소시켜 그린 것인지를 표시해 놓은 것이 바로 이 축척이다. 만일 축척을 사용하지 않고 지도를 그린다면 어떻게 될까? 아마도 세계지도는 지구만 할 것이고, 우리나라 지도는 우리나라만큼이나 클 것이다.

축척은 지도에서의 거리와 지표면에서의 실제 거리의 비를 나타낸 것으로, 가령 1:50,000의 축척은 실제 길이 50,000cm를 지도상에서는 1cm의 거리로 나타낸다는 것을 뜻한다.

축척은 큰 도형을 작은 도형으로 축소시키는 상황과 관련지어 생각하면 보다 쉽게 이해할 수 있다. 수학에서는 한 도형을 일정한 비율로 확대하거나 축소하여 다른 도형과 합동이 될 때, 이 두 도형은 서로 닮았다고 한다. 축소, 확대하는 과정에서 면적만 줄어들거나 확대되는 것이 아니라 모든 길이가 일정한 비율(닮음비)로 줄어들거나 늘어나게 된다.

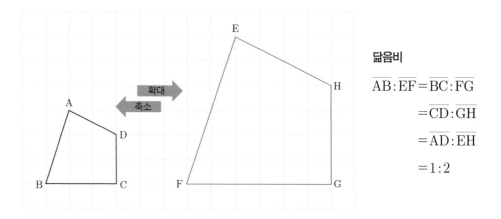

큰 도형을 축소하여 작은 도형을 그리는 것과 마찬가지로, 지도는 닮음비를 이용하여 실제의 땅 모양을 일정한 비율로 줄여서 좁은 지면 위에 나타낸 것이라 할 수 있다. 이때의 닮음비가 바로 축척이다.

아래 그림의 큰 삼각형은 작은 삼각형과 서로 닮은 도형이고 닮음비는 3 : 1이다. 3 : 1의 비율을 이용하면 나머지 한 변의 길이인 x의 값도 구할 수 있다.

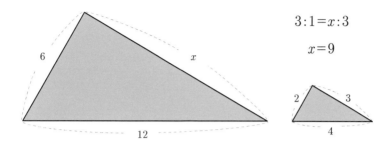

$$3:1=x:3$$
$$x=9$$

마찬가지로 축척을 알면 실제 거리를 지도상에 얼마의 거리로 나타낸 것인지를 알 수 있는가 하면, 거꾸로 지도상의 거리를 재어 땅 위에서의 실제의 거리도 알 수 있다.

다음 표는 서로 다른 축척에 대하여, 지도에서 1cm가 땅 위에서 실제로 몇 m 또는 km를 나타내는지를 계산한 것이다.

역사관이 끝나는 지점에서는 같은 지역임에도 불구하고 축척에 따라 다르게 그려진 지도를 만나볼 수 있다. 지도는 축척에 따라 소축척 지도, 대축척 지도로 분류한다.

축척	지도에서 1cm가 나타내는 실제 거리
1:5,000	50m
1:10,000	100m
1:25,000	250m
1:50,000	500m
1:250,000	2.5km
1:1,000,000	10km

그렇다면 왜 이렇게 분류하며 분류하는 기준은 무엇일까? 1:1000과 같이 수가 작으면 소축척 지도, 1:250,000과 같이 수가 크면 대축척 지도인 것일까? 이것을 알아보기 위해 축척이 1:1000인 지도와 1:250,000인 지도를 살펴보자.

축척이 1:1000인 지도는 축척이 1:250,000인 지도보다 실제 거리를 훨씬 더

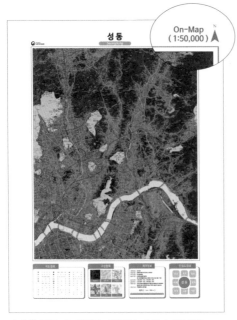

소축척 지도: 도엽번호: 37705, 축척 1 : 50,000

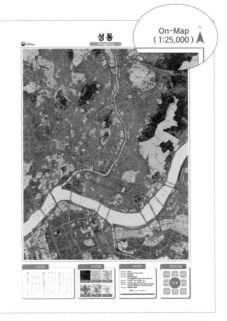

소축척 지도: 도엽번호: 377053, 축척 1 : 25,000

적게 축소시키고, 상대적으로 축척이 1 : 250,000인 지도는 실제 거리를 훨씬 더 많이 축소시켰다는 것을 의미한다. 이는 축척이 1 : 250,000인 지도는 크기가 같은 종이에 더 넓은 지역을 표시할 수 있다는 것을 의미한다. 축척이 1 : 1000인 지도에 비해 축척이 1 : 250,000인 지도에서는 지도상의 거리 1cm를 나타내는 실제 거리가 훨씬 짧다. 따라서 축척이 1 : 250,000, 1 : 1,000,000인 지도를 소축척 지도, 축척이 1 : 1,000, 1 : 5,000인 지도를 대

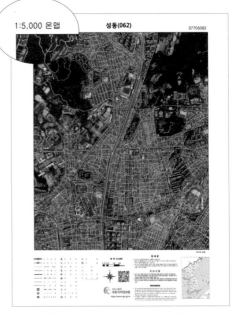

대축척 지도: 도엽번호: 37705062, 축척 1 : 5,000

축척 지도라고 한다.

소축척 지도는 아주 높은 곳에서 본 넓은 지역을 담고 있고 있다. 이에 반해 축척이 1:1,000, 1:5,000인 대축척 지도는 낮은 곳에서 본 좁은 지역을 담아, 건물과 도로 등을 자세히 볼 수 있다는 장점을 갖는다.

대동여지도에도 축척이 적용되어 있다!

중앙홀에서는 박물관의 2개 층에 걸쳐 길게 늘어뜨려 전시해 놓은 조선의 대표적인 지도인 대동여지도를 만나볼 수 있다. 이 지도는 지도박물관임을 강조하기 위해 대동여지도를 상징적으로 크게 확대하여 걸어놓은 것일까?

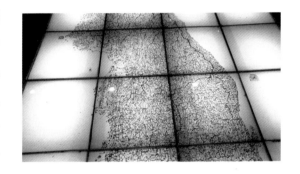

그렇지 않다. 실제로 대동여지도는 다 펼치면 매우 크다. 우리나라 전국 지도 중 가장 큰 지도로, 전체를 펼쳐 놓으면 세로가 약 6.8m, 가로는 약 3.6m나 된다. 키가 170cm인 사람의 4배에 해당하는 높이이다. 그러니 방의 한쪽 벽에 하나의 장식품처럼 걸 수가 없다.

역사관에는 사진처럼 유리로 된 바닥 아래에 대동여지도를 대형으로 인쇄해 놓아 꼼꼼히 살펴볼 수 있다.

대동여지도는 전체를 22첩으로 분리하여 만들어 각 첩을 접어서 보관 가능하도록 함으로써 보관이 편리하며, 필요한 첩만 따로 가지고 다닐 수도 있다. 뿐만 아니라 보고 싶은 면만 바로 펼쳐볼 수 있다는 장점과 함께 무역, 교통, 치수, 지역정보 등 상세한 내용을 담고 있어 그 가치를 인정하지 않을 수 없다.

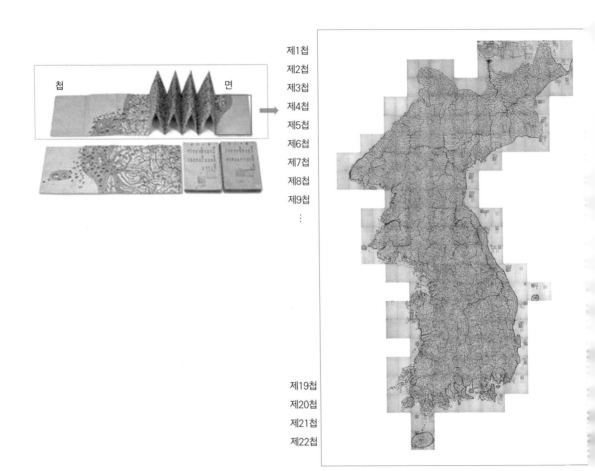

첩　　　　면

제1첩
제2첩
제3첩
제4첩
제5첩
제6첩
제7첩
제8첩
제9첩
⋮
제19첩
제20첩
제21첩
제22첩

　　〈대동여지도〉는 일정한 크기의 모눈(방안)을 바탕에 그리고 그 위에 지도를 그
린 것으로, 모눈을 통해 축척을 적용한 지도라고 할 수 있다. 이와 같은 지도를
선표도 또는 경위선표식 지도, 방안좌표지도라 부르기도 한다. 여기서 말하는
경위선표는 현대지도에서 사용하는 천문학상의 경위도좌표가 아닌, 지구를 평
면으로 보고 단순히 동서와 남북으로 일정한 간격의 가로, 세로 눈금선을 그린
격자를 말한다. 이 경위선표식 지도 제작법은 17세기 이후 우리나라 지도에 본
격적으로 사용되기 시작했다.

　　대동여지도의 1면은 (가로)×(세로)가 20cm×30cm의 크기로 가로를 8칸, 세

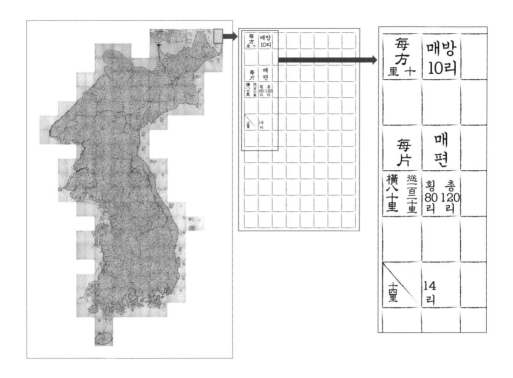

로를 12칸으로 나눈 96칸의 방안(작은 정사각형)으로 되어 있다. 김정호는 제1첩에서 1면에 대한 설명을 제시하고 있다. '**매방 10리**'라고 기록하여 1눈금(2.5cm)이 10리이며, '**매편 종 120리, 횡 80리**'라고 기록하여 지도 1면이 나타내는 세로(남북)의 길이가 120리이고 가로(동서)의 길이가 80리임을 나타냈다. 다시 말하면 실제 거리 10리를 지도에는 2.5cm로 줄여 나타낸 것이다.

그렇다면 〈대동여지도〉는 현대적 의미로 얼마의 축척을 갖는 지도였을까?

영조시대의 법전인 〈속대전〉과 김정호가 쓴 지리서인 《대동지지》에는 "주척周尺을 쓰되 6척은 1보이고 360보는 1리이며 3600보는 10리로 된다."라는 기록이 있다. 위의 문장에 따르면 다음과 같다.

1리=360보

1보=6척=60촌 (1척 = 10촌)

10리=3600보

10리=3600×60(촌)=216,000(촌)

	=2.5cm =약 1.2촌
=2.5cm =약 1.2촌	

그런데 조선시대의 도량형기를 측정한 결과
1촌은 약 2.1cm에 해당한다. 이때 대동여지도
의 1눈금의 길이 2.5cm는 약 1.2촌(2.5÷2.1)이 되므로, 대동여지도의 축척은
1.2(촌):216,000 (촌)=1(촌):180,000(촌)가 된다.

대각선을 긋고 '**14리**'라 표기되어 있는 방안도 있다. 이것은 $\sqrt{2}$의 근삿값인
1.4를 한 변의 길이가 1인 정사각형의 대각선의 길이에 적용했음을 알 수 있다.
이것만으로도 당시에 측량이 얼마나 정밀하게 이루어졌는지를 짐작할 수 있다.

실제로 1898년 일본 육군이 경부선을 부설할 목적으로 조선의 지리를 몰래
측량하기 위해 일본인 측량기술자 1200명과 조선인 2~3백 명을 비밀리에 고용
하여 5만분의 1의 전국 지도를 제작했는데, 후에 대동여지도에 대해 알게 되었
을 때 자신들이 힘들여 제작한 지도와 별 차이가 없음을 알고 매우 놀랐다고 한
다. 뿐만 아니라 대동여지도는 현재의 우리나라 전도와 비교했을 때 큰 왜곡이
없을 정도로 정확하다고 한다.

대동여지도는 경위선 좌표가 없다는 점과 지형의 표시를 농담(색의 옅고 짙음)
혹은 등고선 식으로 표현하지 않았다는 점에만 차이가 있을 뿐 그 외에는 큰 차
이가 없을 정도로 정확한 지도라는 평가를 받으며 현대지도가 갖추어야 할 구비
조건도 갖추고 있는 것을 확인할 수 있다.

1. 지도제목(대동여지도)

2. 발행년월일(당대십이년 신유 1861)

3. 축척자

4. 기호(지도표)

5. 범례(청구도의 범례)

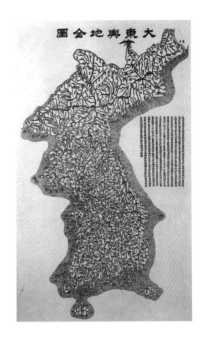

대동여지도를 자세히 살펴보면 또 다른 특별한 점을 발견할 수 있다. 도로가 직선으로 표시되어 있다는 것이다. 이것은 당시의 도로가 직선으로 되어 있었다는 뜻이 아니고, 곡선으로 표현한 강과 구분하기 위함이었다.

이 도로에도 축척이 적용되어 있다. 도로의 실제 거리 10리마다 점을 찍어 두었는데, 비교적 곧은 길은 점 간격이 넓으며, 산악 지형이나 꼬불꼬불한 길은 점 간격을 좁게 해 표현했다. 이를 통해 두 지점 사이를 실제로 걸어갈 경우 걷는 거리와 도로의 상태를 알 수 있도록 했다. 이렇게 대동여지도는 국가의 사회, 경제, 공간 구조를 반영하여 국토를 보다 정확하고 체계적으로 설명하려고 시도했다는 점에서 더욱 의의가 크다고 할 수 있다.

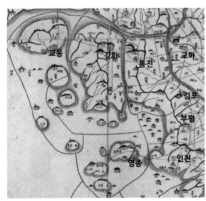

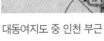
대동여지도 중 인천 부근

지도의 속임수!

역사관, 현대관을 살펴보면 세계지도가 점차 어떻게 발전해왔는지도 자세히 볼 수 있다. 또 역사관, 현대관의 지도들이 너무나 자연스럽게 거짓말을 하고 있음에도 불구하고, 너무나 익숙한 나머지 그냥 지나치는 것들이 있다. 한번 살펴보고 무엇인지 맞추어보자.

전혀 눈치채지 못했다면 세계지도의 위선과 경선에 초점을 맞추어 살펴보길 바란다.

대부분의 지도는 위선과 경선이 모두 직선이지만, 위선은 직선이고 경선이 곡선인 지도가 있을 것이다. 위선과 경선이 모두 곡선으로 되어 있는 것도 있는지 찾아보자. 그런데 위선과 경선이 곡선이든, 직선이든 여기에 어떤 거짓말이 숨겨져 있다는 것일까?

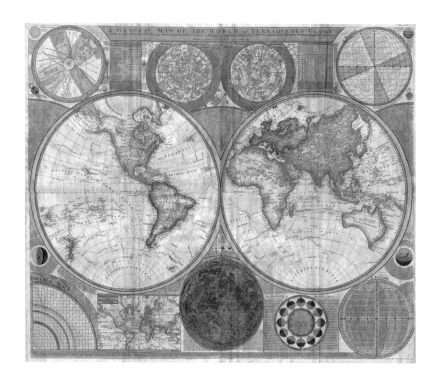

세계지도 속 속임수를 파헤치기 위해 먼저 3차원 입체인 지구본과 2차원 평면에 그린 세계지도를 비교해 보기로 하자.

3차원 지구본에서는 위도가 높을수록 경선 간격이 점차 좁아져서 결국 북극과 남극에서는 모든 경선이 한 점에서 만나게 된다. 그런데 2차원 평면 세계지도에서는 북극과 남극에서 경선 사이의 간격이 적도부근과 크게 다르지 않아 보인다. 이것이 바로 지도가 당당하게 하고 있는 큰 거짓말 중 하나다. 이것은 3차원의 입체도형 구를 2차원의 평면도형으로 변환시키는 과정에서 생긴 것이다.

지도는 3차원의 둥근 세상을 평면에 펼쳐놓은 것으로, 실제로 어떤 변환도 하지 않고 3차원의 구를 평면에 펼치게 되면 다음과 같은 모양이 된다. 우리가 알고 있는 일반적인 세계지도와는 상당히 다른 모습이다.

이것은 아무리 조심스럽게 까도 귤 껍질을 온전한 모양의 사각형으로 만들 수 없는 것과 같다. 아무리 귤 껍질을 가늘고 길게 끊어지지 않도록 깐다 해도 모양을 다시 복구시켰을 때 어느 한 곳은 찢어지고 벌어지게 되어 있다.

그렇다면 2차원의 평면 세계지도는 어떻게 만들어진 것일까? 구 모양 지도의 윗부분과 아래 부분을 칼로 잘라 사이가 벌어진 부분이 서로 자연스럽게 이어지도록 양쪽으로 늘이는 과정을 거치면 2차원의 판판한 지도를 만들 수 있지 않

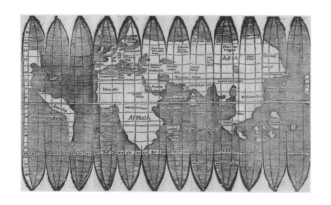

을까?

　하지만 이 방법을 적용하면 큰 왜곡이 생기게 될 것이다. 땅의 면적은 물론이고 모양이나 거리, 위치 등이 원래의 것에 비해 상당히 달라지게 되는 것이다.

3차원 지구를 2차원 지도로 만드는 도법

　3차원의 둥근 세상을 2차원의 평면지도로 만들 때 벌어진 틈을 없애고 자연스럽게 연결시키는 방법을 도법이라고 한다. 지구의 경선과 위선을 평면에 투영시

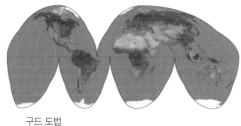

구드 도법

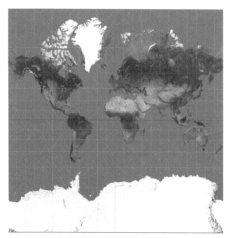

메르카토르 투영 도법

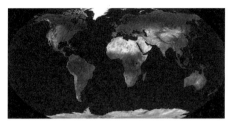

로빈슨 도법

페터스 도법

키는 도법에 따라 면적과 모양이 달라진다. 현재 통용되고 있는 투영도법은 메르카토르 도법, 구드 도법, 로빈슨 도법, 패터스 도법 등 여러 가지가 있다.

그중에서도 메르카토르 투영 도법은 지구를 적도에 접하는 원통에 투영시키는 것으로 모든 위선과 경선이 직선으로 표현된다.

이 도법에 따라 지도를 제작하면 3차원 지구본에서 각각 한 점으로 표시되는 남극과 북극이 위도가 높아짐에도 불구하고 경선의 간격이 여전히 적도에서와 같은 간격을 유지하는 것으로 보아 고위도의 왜곡이 심하다는 것을 알 수 있다. 그렇다면 이 도법으로 지도를 제작할 경우, 위도가 높아질수록 일어나는 왜곡은

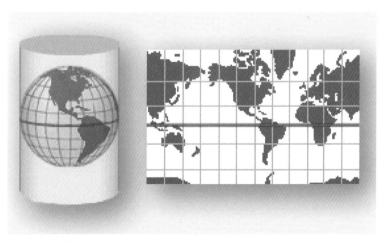

메르카토르 투영 도법

어느 정도나 되는 걸까?

이를 알아보기 위해 3차원 지구본에서의 위도가 $30°$인 곳(A)을 A′로 투영시키고, 위도가 $60°$인 곳(C)을 C′로 투영시켰다고 상상해보자. 이때 △AOB와 △A′OB′, △COD와 △C′OD′는 각각 서로 닮은 삼각형이므로 다음과 같은 닮음비를 생각할 수 있다.

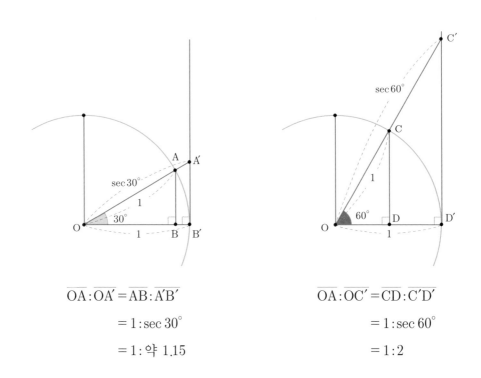

$$\overline{OA}:\overline{OA'}=\overline{AB}:\overline{A'B'}$$
$$=1:\sec 30°$$
$$=1:약\ 1.15$$

$$\overline{OA}:\overline{OC'}=\overline{CD}:\overline{C'D'}$$
$$=1:\sec 60°$$
$$=1:2$$

여기서 $\sec 30°$는 한 내각의 크기가 $30°$인 직각삼각형에서 $30°$에 대한 삼각비 중 한 가지이다.

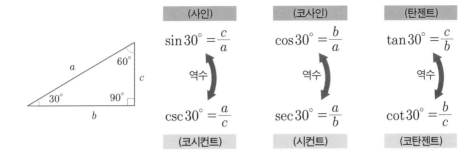

따라서 지구본에서 위도가 $30°$인 곳(A)을 2차원 평면지도의 A′로 투영시킬 때 A′ 지점에서의 거리는 A지점에서보다 $\sec 30°$(약 1.15배)배만큼 확대 왜곡되 며, 지구본에서 위도가 $60°$인 곳(C)을 지도에 투영시킨 C′ 지점에서의 거리는 $\sec 60°$(2배)배만큼 확대 왜곡되게 된다.

위도에 따른 왜곡의 정도

위도($x°$)	왜곡의 정도($\sec x°$)	위도($x°$)	왜곡의 정도($\sec x°$)
$0°$	1	$50°$	약 1.56
$10°$	약 1.02	$60°$	2
$20°$	약 1.06	$70°$	약 2.92
$30°$	약 1.02	$80°$	약 5.76
$40°$	약 1.31	$89°$	약 57.30

이것은 $80°$에서는 실제 거리의 약 6배, $89°$에서는 약 60배의 거리 왜곡이 발 생하며, 극을 표현할 수 없는 상황이 되게 된다.

이와 같이 정확한 수학적 계산에 의하여 위선과 경선을 동일한 방향과 비율로 확대하는 까닭에 두 지점 간 거리와 방위를 쉽게 측정할 수 있어 메르카토르 도법은 주로 항해용 해도 제작에 사용된다. 항해 시에 자를 대고 두 지점을 연결하여 그은 선대로 항해하면 거리는 달라지지만 방향은 일치하기 때문이다. 메르카토르 도법으로 그린 지도에서 그린란드는 남아메리카만큼 커 보이지만 실제로는 남아메리카의 $\frac{1}{8}$ 밖에 되지 않는다. 또 남미는 유럽보다 훨씬 더 크고, 멕시코는 알래스카보다 3배만큼 더 넓어진다.

4가지 색깔만으로 지도를 색칠할 수 있다?!

지도박물관에는 2차원의 평면지도만 있는 것이 아니다. 현대관의 한 코너에서는 박물관 속 또 다른 박물관처럼 세계 각국에서 제작한 지구본들이 전시되어 있다. 240여 개국에 가까운 전 세계의 나라들이 작은 지구본 위에 알록달록 다양한 색깔을 사용하여 표시되어 있다.

만일 이 수많은 나라들을 하나도 빠짐없이 구분하여 색연필로 색칠한다면 최소 몇 개의 색으로 색칠할 수 있을까? 이때 같은 경계를 갖는 이웃 나라끼리는 서로 다른 색으로 색칠해야 한다.

사실 이 질문은 가능한 한 적은 수의 색을 사용하여 지도를 만들고 싶어했던 지도 제작자들의 관심사이기도 했다. 또 수학자와 과학자들도 관심을 가지고 있었다.

이 문제를 처음 제기한 사람은 19세기 런던대학 드 모르간 교수의 제자였던 구드리 형제이다. 구드리 형제는 이 문제를 제기하면서 4가지 색이면 충분하다고 주장했지만 그 사실을 과학적으로 증명할 수는 없었다. 그래서 스승인 드 모르간 교수에게 이 문제의 증명을 요청했다. 드 모르간 법칙으로 유명한 수학자였지만 드 모르간 교수는 증명 방법을 찾지 못했다. 그래서 고민 끝에 1852년 수학자인 해밀톤에게 편지로 도움을 요청하게 됐고 이를 계기로 4색 문제가 세상에 알려지게 되었다. 그 이후 많은 수학자들이 이 문제를 해결하기 위해 노력

했지만 해결하지 못하고 4색정리라는 이름으로 오랜 시간 해결해야 할 문제로 알려지게 되었다. 4색정리를 정확히 표현하면 다음과 같다.

'어떤 식으로 분할되어 있는 평면이든지 서로 인접한 두 면을 다른 색으로 칠할 때 최대 4개의 색이면 모두 칠할 수 있다'

이 4색정리는 100여 년이 지난 1976년에야 컴퓨터의 도움을 받아 증명이 이루어졌다. 미국 일리노이 대학의 K. 아펠과 W. 하켄 교수가 수천 줄이 넘는 긴 프로그램을 적용하여 4색

4색 문제

문제를 해결했는데 계산에 소요된 시간만 무려 1200시간이었다고 한다. 어쨌든 많은 학자들을 고민하게 만든 수학 문제가 사람이 아닌 컴퓨터의 도움으로 해결된 것은 4색 문제가 최초였다.

많은 수학자들은 컴퓨터의 힘을 빌린 이 증명방법을 아름답지 못하다고 생각해 인정하지 못했지만 결국 그 결과를 인정하게 될 수밖에 없었다. 하지만 사람의 손으로 직접 풀기 위한 노력은 오늘날에도 여전히 계속되고 있다.

지금은 3차원 디지털 공간정보 시대!

현대관의 끝부분에서는 우리 국토 3차원 공간정보 체험을 할 수 있다. 체험코너에서는 3차원 영상을 통해서 내가 사는 곳을 볼 수 있다.

공간정보란 우리가 생활하는 모든 입체공간에 대한 정보를 말하며 정보화 시

대를 맞아 디지털화되고 있다. 이전에는 이러한 공간정보가 대부분 종이 지도 형태로 2차원적으로 되어 있었지만 이제 3차원으로 구현되고 있으며 실제 공간 정보와 똑같이 입체적으로 만드는 작업들이 이루어지고 있다.

공간정보를 수집, 저장, 가공, 분석하는 데는 GIS, GPS, 각종 원격탐사 기술 등이 필요하다. GPS와 원격탐사 기술이 공간정보를 수집, 측정하는 기술이라면 GIS는 수집, 측정된 정보를 가공하여 표현하는 기술이다.

GPS가 공간정보, 즉 3차원 공간 상의 지점의 위치를 측정할 때는 인공위성을 이용한다. GPS는 본래 미국 국방부에 의해 군사적 목적으로 개발된 기술이나 최근에는 민간 분야에서 더욱 적극적으로 이용하고 있다. 실시간으로 차량, 항 공기, 선박 등의 현재 위치를 결정하는 기능은 이미 여러분도 알고 있고 이용 중 이기도 하다. 휴대전화로 현재 위치를 지도에 표시할 수 있는 것은 바로 휴대전 화에 내장된 GPS수신기가 4개의 GPS 위성과 통신하여 휴대전화의 현재 위치 를 결정하기 때문이다.

그렇다면 GPS로 위치파악을 하는 데는 어떤 원리가 작용하고 있는 것일까?

사실 그 원리는 매우 간단하다. 예를 들어, GPS를 이용하여 지구상의 어떤 지 점에 있는 자동차의 위치를 알고자 한다면 3개의 위성을 각각 중심으로 하고 위 성과 자동차 사이의 거리를 반지름으로 하는 세 개의 구가 만나는 교점을 찾으 면 된다.

그 방법을 보다 자세히 살펴보기 위해, 위성을 1개, 2개, 3개를 사용할 경우로 나누어 생각해보자.

1개의 위성만 사용할 경우에 자동차는 [그림 1]과 같이 위성을 중심으로 하고 위성에서 자동차까지의 전파거리를 반지름으로 하는 구면상에 존재하게 된다. 그러나 [그림 2]와 같이 2개의 위성을 사용할 경우에는 두 위성에서 동시에 전파 를 발생시켜 자동차까지의 거리를 재게되므로, 자동차는 두 구면이 만나는 곳에 위치해야 한다. 따라서 자동차는 [그림 2]에서의 두 구면이 만나는 원의 둘레에 위치한다.

3개의 위성을 이용할 때는 [그림 3]과 같이 2개의 위성을 중심으로 한 두 구면이 만나는 원과 세 번째 위성을 중심으로 한 구면이 교차하는 곳에 자동차가 있

그림 1. 한 개의 위성을 이용한 거리 측정

그림 2. 두 개의 위성을 이용한 거리 측정

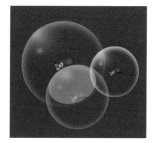

그림 3. 세 개의 위성을 이용한 거리 측정

GPS 측위의 원리

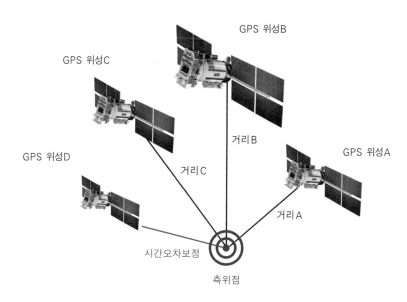

정확한 위치를 파악하려면 4개 이상의 GPS 위성에서 전파를 수신해야 한다.

다. 따라서 [그림 3]에서와 같이 자동차는 두 지점에 위치하게 된다. 이때 한 대의 자동차가 두 곳에 나누어서 있을 수 없으니, 이 중 한 곳에 자동차가 위치하고 있다. 3개의 구면의 교차점이 한 점이 아닌 것은 성층권, 대류권 등의 대기의 영향 등 여러 가지 이유로 오차가 발생하여 정확한 위치가 왜곡되었기 때문이다. 따라서 GPS는 이를 보완하기 위해 4개의 위성에서 나오는 전파를 분석하여 자동차의 정확한 위치를 파악한다.

각만 재어도 거리를 알 수 있다

박물관 내부를 돌아본 후 야외 전시장으로 나오면 한 쪽 공간에서 삼각측량을 체험해 볼 수도 있다. 삼각측량은 산 정상 부근에서 볼 수 있는 삼각점들로 삼각형을 구성한 다음, 실제로 측정하지 않고도 삼각점들 사이의 거리를 구하는 방법이다. 또 이 거리를 이용하여 삼각점의 위치를 좌표로 나타낼 수도 있다.

삼각점

삼각측량을 하기 위해서는 측량지역에서 이미 측정하여 알고 있는 두 삼각점 사이의 거리를 토대로 서로 공통변들이 생기도록 삼각망을 구성해야 한다. 그런 다음 삼각점의 위치에 망원경과 깃발을 두고 각을 잴 수 있는 도구를 사용하여 삼각형의 각을 측정하고 이를 이용하여 거리를

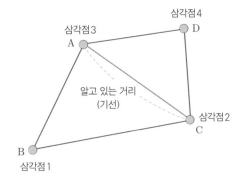

계산하면 된다. 이때 삼각점들을 산 정상과 같이 높은 곳에 두는 이유는 시야를 확보하기 위해서이다.

지금부터 삼각측량을 어떻게 하는지 자세히 살펴보자.

우선 기존의 측량을 통해 삼각형 ABC의 세 삼각점들 사이의 거리를 확인한 후 삼각점 4에 의해 새로운 삼각형을 구성한다.

① 먼저 각각 내각의 크기(α, β)를 정밀하게 측정한다. 이때 이미 그 거리를 알고 있는 변을 기선이라 한다.

② 삼각형 내각의 크기의 합이 $180°$라는 사실을 이용하여 각 γ의 크기를 구한다($\gamma = 180° - (\alpha + \beta)$).

③ 삼각함수의 사인법칙 $\dfrac{\sin \alpha}{\overline{CD}} = \dfrac{\sin \beta}{\overline{AD}} = \dfrac{\sin \gamma}{\overline{AC}}$ 를 이용하여 $\overline{AD}$와 $\overline{CD}$의 거리를 구한다.

④ 또 새롭게 구성한 삼각형 땅의 넓이를 구할 경우에는 밑변을 $\overline{AC}$로 하는 삼각형 ACD의 높이를 구해야 한다. 이때 점 D에서 $\overline{AC}$에 내린 수선의 발을 E라 할 때, $\overline{ED}$의 거리는 다음과 같이 구한다.

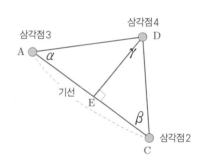

$$\overline{ED} = \overline{AD} \cdot \sin \alpha \text{ 또는 } \overline{ED} = \overline{CD} \cdot \sin \beta$$

이 삼각측량의 최대장점은 일일이 재지 않아도 알고자 하는 거리를 구할 수 있다는 것이다. 이를테면 폭이 큰 강이나 높은 산이 가로막고 있을 경우에도 직접 그 거리를 재지 않고도 삼각측량법을 활용해 그 거리를 알 수 있다.

지도는 정보를 담은 그림!

다음 그림은 우리가 평소 보게 되는 세계지도와 많이 다르다. 이 지도는 실제 각 나라의 크기와 모양을 무시하고 2016년의 세계 기부금 규모를 바탕으로 그린 세계지도이다. 이 지도를 통해 우리나라의 기부금 규모가 상당히 크다는 것을 알 수 있다.

이와 같이 지도에 보이는 것들은 무언가를 나타내고 있다. 선과 면, 색, 기호 등을 사용하여 실제 세계나 정보를 표현하고 있는 것이다. 이것들을 바탕으로 무언가를 생각하고 상상하는 일은 매우 흥미롭기 짝이 없다.

규모는 작지만 지도박물관을 돌다 보면 많은 것을 상상할 수 있고 가보고 싶은 곳이 생길 수도 있다. 따라서 박물관의 전시물을 관람할 때 너무 지도의 역사 및 지식적인 측면에만 몰두하지 말고 상상력을 발휘하여 전시된 지도 이면에 숨겨져 있는 정보를 추측하고 상상해보자. 그러면 지도는 마법의 빗자루가 되어 여러분을 재미있는 세상으로 데려갈 것이다.

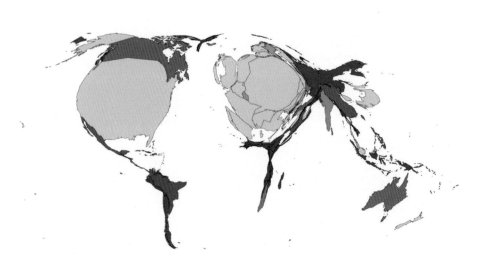

세계 기부금 지도

세계의 가장 아름다운
10대 경기장
상암 월드컵경기장

상암 월드컵경기장의 이유 있는 세계 TOP 10!!

4년마다 개최되는 월드컵 축구 대회는 전 세계인을 하나로 만드는 대표적인 국제 행사 중 하나이다. 그라운드에서 온 힘을 다해 뛰는 선수들의 열정을 지켜보며 사람들은 경기장이나 TV 앞에서 열광적인 응원으로 화답한다.

우리나라에서도 2002년 한일 월드컵 축구대회를 개최한 바 있다. 이 대회에서 우리 축구 대표팀이 세계 축구를 주름잡던 이탈리아, 포르투칼, 스페인 등을 깨뜨리고 4강에 오르는 대이변을 연출해 전 세계를 놀라게 했다. 이렇게 선수들이 4강 신화를 창조하는 것에 발맞추어 서울 시청 앞이나 여러 대도시의 중심거리에서 사람들이 모여 만들어낸 붉은 물결과 온 나라에 울려퍼졌던 함성 소리는 어느 새 우리나라를 대표하는 상징이 되었다.

그런데 한일 월드컵 축구대회를 개최하며 전 세계에 유명해진 것이 또 있다. 2003년 세계 최고권위를 자랑하는 영국의 축구전문지 '월드 사커'가 '세계 10대 가장 아름다운 경기장'의 하나로 선정한 상암 월드컵경기장이 바로 그것이다.

2002년 제17회 월드컵축구대회 개회식과 개막전이 치러진 상암 월드컵경기장은 동양에서 축구 전용경기장으로는 가장 규모가 크며 월드컵 이후 사후 관리에서 흑자 경영을 하는 경기장으로도 유명하다. 월드 사커는 상암 월드컵경기장에 대해 단지 경기를 치르는 장소에 그치지 않고 구조적, 기술적으로 아름답다면서 다음과 같이 평가했다.

> '구장의 지붕이 방패연의 전통 이미지와 남북한 시대의 경계를 흐르는 한강의 상징 황포돛배의 모양을 형상화한 아름다운 구장이다'

즉 월드컵 개최 장소로의 유명세나 압도적인 규모의 과시가 아닌, 황포돛대와 방패연을 형상화한 외관에서 풍기는 유연하고 상쾌한 기운을 넉넉하게 품고 있는 여유가 상암 월드컵경기장을 기능적 측면 외에도 끌리게 만드는 큰 역할을 했다는 것이다.

경기장에서 월드컵 및 국제 친선경기나 유명 스포츠 팀의 경기를 직접 본다면 더할 나위 없이 좋겠지만, 경기 관람이 아닌 경기장 자체를 둘러보는 것만으로도 큰 의미가 있다.

오랜 역사를 가진 세계 유수의 경기장은 스포츠를 좋아하는 여행객들에게 사랑받는 투어 코스로 각광받고 있다. 각 나라의 건축미를 담은 웅장한 외관은 물론, 영광의 역사가 서려 있는 경기장 내부를 살펴보는 일은 스포츠를 사랑하는 사람들에게 많은 감동을 준다. 그리고 당당히 월드컵 축구대회 및 굵직한 국제 경기를 치른 상암 월드컵경기장 또한 투어를 즐기기에 손색이 없다. "대~한 민국! 짝짝짝 짝짝!" 온 국민을 열광시키고 전 세계인의 이목을 주목시켰던 2002년 한일 월드컵 축구대회에서의 감동이 경기장 여기저기에 고스란히 남아 있다.

2017년 3월에는 2002 한일 FIFA월드컵 기념관을 리모델링하여 체험관과 박물관의 2가지 역할을 하는 국내 최초의 체험형 축구테마 뮤지엄 '풋볼 팬타지움!FOOTBALL fæntasium!'을 개관했다. 이곳에서는 축구의 역사에서부터 전시, VR 체험을 통해 온몸으로 축구를 느낄 수 있도록 하고 있다.

방패연, 소반, 황포돛배 이미지를 담다.

상암 월드컵경기장은 거대한 규모답게 경기장 근처에서는 그 모습을 한눈에 볼 수 없다. 대신 주변에 위치한 하늘공원에 오르면 상암 월드컵경기장 전체가 내려다보여 그 규모를 가늠할 수 있다.

하늘공원에서 내려다 본 경기장의 지붕 모습은 친근함 그 자체다. '방패연이다!' 란 말이 저절로 나올지도 모른다 이 경기장을 설계한 건축가 류춘수는 우리나라 전통의 대표 이미지라 할 수 있는 방패연

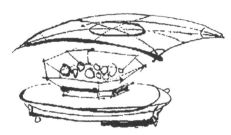

과 전통 소반 그리고 황포 돛대를 연상할 수 있는 모습을 토대로 설계했다고 한다. 사각형과 원형이 조화를 이루는 우리나라의 전통적인 이미지를 의미 있게 배치하여 디자인한 것이다. 그래서인지 상암 월드컵경기장을 보고 있노라면 거대함에도 압도적이

란 느낌보다는, 친숙함과 여유로움이 느껴진다.

경기장 지붕을 조금 더 자세히 살펴보자. 보통 타원형으로 짓는 여타 축구장의 지붕과는 달리 직사각형인 방패연 모양에서 네 꼭짓점 부분을 잘라낸 팔각형 형상으로 설계되어 있다. 팔각형의 각 변에 해당하는 직선 부분은 부드럽고 자연스러운 곡선을 구현함으로써 한국의 전통적인 지붕과 처마선을 아름답게 담아내고 있다. 경기장의 지붕면 또한 한옥 지붕의 기왓골을 흉내내려는 듯 황토색의 한지를 지그재그로 접은 모양을 하고 있어 자칫 밋밋하고 지루할 수 있는 느낌을 최소화하고 있기도 하다.

더불어 한강과 매우 가깝다는 지리적 환경과의 조화를 위해 한강 마포나루를 드나들던 황포돛배가 모여 있는 형상을 경기장 이미지에 적극적으로 투영했다. 지붕을 받치고 있는 거대한 마스트(선체의 갑판 위에 세워진 기둥으로 바람을 이용하는 범선의 경우 돛을 다는 기둥)와 케이블들은 황토색의 주름진 지붕 모양과 어울려 한강에 떠 있던 우리나라의 전통적인 황포돛배를 연상시킨다. 황포돛대는 서울의 마포를 중심으로 조선 시대에 한강을 떠다니며 물자를 나르던 중요한 운송 수단이었다.

관중석 또한 특별한 의미를 부여하여 설계했다. '담는다'는 개념이 포함되도록 설계한 관중석은 전통적인 과일쟁반에서 착안하여 직사각형에서 꼭짓점 부분을 잘라내 부드럽게 한 팔각형 형태로 되어 있다. 이곳에 선수와 관중을 담고, 전 세계의 시선을 한 데 담으며, 우리 민족의 문화와 역사, 21세기의 희망을 담는다는 뜻에서 '전통적인 소반' 위에 풍요로움을 상징하는 팔각모반을 두 겹 겹쳐놓은 모습으로 설계했다.

축구장은 크면 클수록 좋을까?

이렇게 설계한 관중석에는 관람객을 몇 명이나 수용할 수 있을까?

보통 경기장의 규모는 수용할 수 있는 관람객의 수로 판단한다. 수용할 수 있는 관중들이 많을수록 더 많은 사람들이 직접 경기를 관람할 수 있는 것은 당연한 일이다.

아시아 최대의 축구전용구장인 상암 월드컵경기장은 66,704명을 수용할 수 있다. 이에 반해 2002 한일 월드컵의 결승전이 열렸던 일본의 요코하마 국제종합경기장은 72,327명을 수용할 수 있지만 축구전용구장이 아닌 종합 경기시설로 설계된 곳이다. 축구 종가 영국의 잉글랜드 대표팀이 사용하는 뉴 웸블리 스

스페인의 캄프 누 경기장

영국의 뉴 웸블리 스타디움

타디움은 9만 명을 수용할 수 있으며, 스페인의 FC 바로셀로나가 사용하는 캄프 누 경기장은 약 9만 9천 명을 수용할 수 있다고 한다.

사람들이 비용과 시간을 지불하면서까지 경기장에 가서 경기 관람을 하는 이유는 아마도 선수들의 열정이나 빠른 속도로 굴러가는 공의 움직임을 직접 보고 싶어서일 것이다. 그런데 운이 나빠 관람석이 그라운드에서 멀리 떨어져 있기라도 하다면? 이런 경우에는 정작 보고 싶었던 선수들이나 공이 너무 작게 보

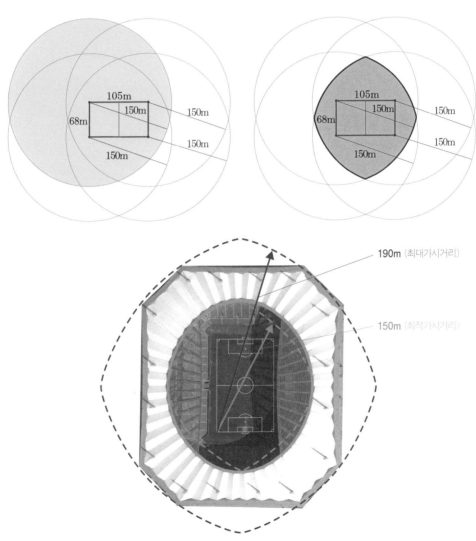

인 나머지, 차라리 집에서 TV를 보는 것만큼도 못할 수 있다. 현장감이 거의 0에 가깝기 때문이다.

때문에 많은 사람들을 수용하기 위해 경기장의 규모를 마냥 크게 짓는 것이 좋은 것만은 아니다. 여러 가지 이유로 어느 정도 그 크기를 제한할 필요가 있다. 그렇다면 경기장에서 선수들과 공의 움직임을 보기 위해서는 관중석이 그라운드로부터 어느 정도의 범위 내에 있는 것이 좋을까?

보통 빨리 움직이는 물체를 눈으로 분명하게 인식하려면 가시폭이 최소한 $0.4°$의 시각범위보다 넘어야 한다고 한다. 즉 직경이 7.5cm인 테니스공의 최적 가시거리는 약 30m이며, 직경이 25cm인 축구공의 경우에는 관람석에서 가장 멀리 떨어진 그라운드의 대각선 맞은편 꼭짓점까지의 직선거리가 150m 이하가 적절하고 최대 가시거리가 190m를 넘으면 공의 움직임을 잘 볼 수 없게 된다.

상암 월드컵경기장은 그라운드의 크기가 105m×68m이다. 따라서 관람석에서 빠른 속도로 굴러다니는 축구공의 움직임을 보기 위한 최적의 거리는 직사각형 그라운드의 대각선 맞은편 꼭짓점을 중심으로 하고 반지름의 길이가 150m인 원의 내부에 위치한 관람석이라고 할 수 있다. 이에 따라 그라운드를 빙 둘러싼 관람석 전체에 대하여 적정가시 영역은 그라운드의 네 꼭짓점을 각각 중심으로 하고 반지름의 길이가 150m가 되도록 그린 4개의 원이 서로 겹치는 공통부분이 된다.

이 적정가시 영역을 그라운드 중앙점을 기준으로 보면, 반지름의 길이가 대략 90m인 원의 내부에 해당한다. 213쪽 아래 그림에서 바깥쪽 점선은 그라운드의 대각선 맞은편 꼭짓점까지의 직선거리가 190m 이하인 최대 가시거리 영역을 나타낸 것이다.

관람석의 경사도

관중석을 평면적으로 확장하는 것이 어렵다면, 높이를 올려 더 많은 사람들을 수용하는 것은 어떨까? 하지만 이것 또한 문제점이 발생한다. 상단 관중석의 경사가 너무 가파른 나머지 안전상의 문제가 발생할 수 있으며, 높은 곳에 위치한 관중석에서 그라운드까지 거리가 멀어 경기 관람이 제대로 안될 수도 있다. 또 많은 관중들이 출입하는데 오랜 시간이 화재나 사고 등의 비상시에 위험성이 더 커지게 된다.

따라서 관중석을 설계할 때는 적절한 경사각도를 고려해야 한다. 경사각을 고려할 때는 상단 관중석의 가파른 경사각뿐만 아니라, 관중석에서 뒤에 앉은 사람이 바로 앞에 앉은 사람의 머리로 인해 시야를 가리지 않고 공이나 선수들의 움직임을 얼마나 잘 볼 수 있느냐 또한 매우 중요하다. 보통 앞좌석 관람객의 머리로 시야를 가리기 쉬운 부분은 선수가 그라운드의 가장 가까운 터치라인이나 골라인에 서 있을 때이다.

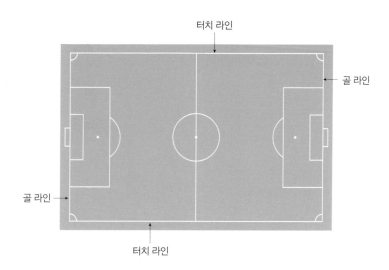

따라서 뒷좌석에 앉은 사람이 앞좌석에 앉은 관람객의 머리 위로 터치라인이

나 골라인에 서 있는 선수들의 움직임을 볼 수 있도록 뒷좌석열의 단높이를 앞 좌석보다 적절히 높여 관람석의 경사각도를 유지할 필요가 있다. 이때 경사각도 가 너무 작으면 잘 보이지 않을 것이고, 너무 크면 맨 뒤편의 좌석의 경사가 너 무 급해져서 안전상 위험할 수도 있다. 또 최대가시거리 190m 이내에 좌석을 설치하지 못할 수도 있다.

그렇다면 앞좌석열에 비해 뒷좌석열의 단높이를 얼마만큼 높여야 적절한 경 사각도를 유지할 수 있을까? 이것을 결정하기 위해서는 두 가지를 고려해야 한다.

첫번째는 나의 관람석에서 그라운드의 가장 가까운 터치라인이나 골라인에 선수가 서 있을 것이라 생각되는 지점인 **초점**이다. 이때 내 눈에서 초점까지 이 은 선을 **가시선**^{sight line}이라고 하는데, 좋은 시야를 확보한 경기장이라 함은 바로 가시선이 어떤 것에 의해서도 방해받지 않고 내 눈에서 초점까지의 가시선이 끊 어지지 않아야 한다.

또 고려해야 할 것이 바로 **C값**이다. C값은 앞좌석에 앉은 사람의 가시선 과 바로 뒷자석에 앉은 사람의 가시선 의 높이 차를 말한다.

보통 앞좌석의 관람객이 모자를 썼 음에도 잘 보이는 최고의 가시수준은 C값이 15cm일 때를 말한다. 경기장 에서는 12cm가 적정 가시기준이다. 9cm는 관람객이 몸을 뒤로 젖혀 관람할 때의 가시수준이며, 6cm일 때는 앞 관 람객 사이로 초점이 보이는 최소수준을 말한다.

식(*)을 정리하면 앞좌석열에 대한 뒷좌석열의 높이 N을 구할 수 있다.

$$N = \frac{(R+C) \times (D+T)}{D} - R$$

이때 C값이 일정하면 단이 늘어날 때마다 그 높이는 점점 커지게 된다. 그 결과 관중석은 직선의 경사를 이루는 것이 아닌 곡선의 경사를 이루게 된다.

정말 그럴까? 구체적인 수치를 대입하여 직접 확인해 보기로 하자.

각 단의 깊이가 80cm인 관중석에서 C값이 12cm일 때 초점으로부터의 높이가 7m이고, 거리가 20m인 좌석 X에 대한 뒷좌석 Y의 단높이는 다음과 같이 계산할 수 있다.

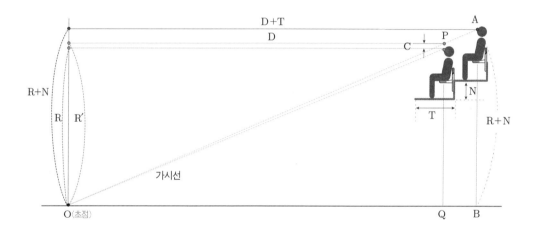

D : 앞줄 관중의 눈과 초점 사이의 거리
R : 앞줄 관중의 눈과 초점 사이의 높이
T : 단 깊이
N : 단 높이
C : C값(Clearance Value)

$\triangle \text{AOB} \infty \triangle \text{POQ}$이므로

$(D+T) : (R+N) = D : R'$

$R'(D+T) = D(R+N)$

$\therefore R' = \frac{D(R+N)}{D+T}$

$\therefore C = R' - R = \frac{D(R+N)}{D+T} - R \cdots (*)$

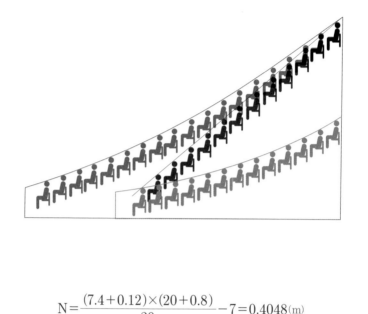

$$N = \frac{(7.4+0.12) \times (20+0.8)}{20} - 7 = 0.4048 \text{(m)}$$

또 같은 조건에서 좌석 Y에 대한 뒷좌석 Z의 단높이를 구하면 다음과 같다.

$$N = \frac{(7.4+0.12) \times (20.8+0.8)}{20.8} - 7.4 \fallingdotseq 0.4092 \text{(m)}$$

이것으로 보아 모든 좌석의 C값을 일정하게 할 때 각 단마다 높이가 같지 않으며, 올라갈수록 단높이가 더 커지는 것으로 보아 관중석의 열이 직선이 아닌 곡선을 이루는 것을 알 수 있다.

하지만 실제로 경기장을 건설할 때는 비용문제 및 경사도가 너무 높아지지 않도록 하기 위한 여러 가지 이유 등으로 C값을 일정하게 하여 관람석의 열이 곡선을 이루는 대신 일정구간 안에서는 단의 높이를 같게 하여 직선을 이루도록 한다.

C값이 커질수록 관중석의 경사도가 높아지고, C값이 같더라도 관중석 첫 단의 높이가 높아질수록, 그리고 초점과의 거리가 가까울수록 관중석의 경사도는

높아진다. 즉 관중석의 첫 단의 위치가 그라운드와 가까워지고 높이가 높아질수록 관람환경은 더 좋아지지만 스탠드의 경사도가 급해지고 그 결과 많은 관중을 수용하지 못하는 결과가 초래되기도 한다.

이에 따라 경기장을 설계할 때 C값과 더불어 반드시 고려해야 할 부분이 관람석의 경사각도다. FIFA에서는 경사각도가 계단의 각도와 비슷한 34°를 넘지 않도록 하고 있다. 경사각이 지나치게 높으면 안전에 문제가 될 수 있기 때문이다. 영국은 관중석의 최대경사각도를 34° 이내로 제한하고 있으나, 이탈리아는 41°까지 허용한다. 만약 여러분이 이탈리아 경기장에 가서 최대 경사각이 41°인 상단 관중석에 앉으면 아마도 아찔하다는 생각이 들 것이다. 이 경우에는 안전사고를 고려하여 각 줄마다 앞에 안전난간을 설치토록 하고 있다.

다음 표는 34°를 넘는 유럽경기장의 스탠드 경사각도를 나타낸 것이다.

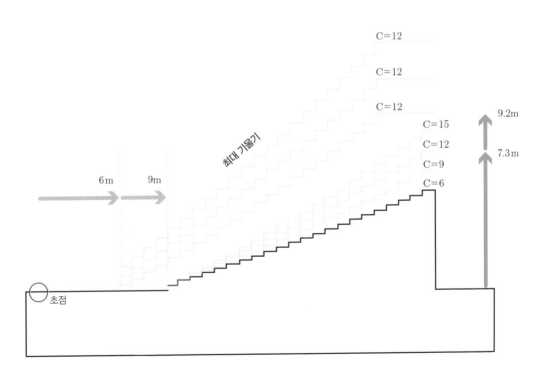

유럽 경기장의 스탠드 최대 경사각도			
경기장	국가	수용규모	최대 경사각도
스타드 드 프랑스	프랑스	8만	35°
라 스타드 샤를레티	프랑스	2만	36.7°
라 보주아르 스타드	프랑스	5만	43°
필립스 스타디온	네덜란드	3만	45°

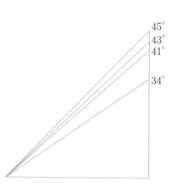

상암 월드컵경기장의 관중석 경사각도는 다음과 같다.

하단 스탠드			상단 스탠드		
하부	중앙	상부	하부	중앙	상부
18.1°	21.9°		31.9°		

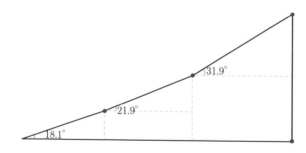

그라운드 규격

이제 90분 동안 쉼없이 뛰어다니는 선수들의 공간인 그라운드를 살펴보기로 하자.

상암 월드컵경기장은 축구 전용경기장이다. 축구 전용경기장과 종합운동장의 차이점은 트랙이 있느냐 없느냐에 따라 구분한다. 종합운동장에 비해 축구 전용 경기장은 관중석과 선수들이 뛰는 그라운드 사이에 트랙이 없어 선수들이 뛰는 모습을 좀 더 생생하게 볼 수 있다. 그중에서도 상암 월드컵경기장은 관중석과 그라운드 사이의 거리가 10m밖에 되지 않아 그야말로 선수들의 숨소리까지 들을 수 있다. 관중석과 경기장 사이의 거리는 일정한 거리를 두고 있지는 않지만, 피파 규정에 따르면 최소 3미터는 여유 공간을 두어야 한다.

피파 규정에 따르면 그라운드는 가로 90m~120m, 세로 45m~90m인 직사각형이어야 한다. 그러나 국제경기는 가로의 길이가 100m~110m, 세로의 길이가 64m~75m여야 한다. 상암 월드컵경기장은 가로×세로가 105m×68m로 되어 있다. 우리나라 월드컵경기장 중 터치라인의 길이가 가장 긴 곳은 인천 문학 월드컵경기장으로 113.5m나 된다.

그라운드는 선을 그어 표시하며 경계선은 각 영역의 넓이에 포함된다. 모든 선의 두께(폭)는 12cm(5in)를 넘지 않아야 한다. 따라서 골포스트와 크로스바의 두께 또한 12cm(5in)를 초과해서는 안 된다. 여기서 5in(인치)는 축구공 크기의 절반 정도가 되는 크기이다. 선의 두께를 5in로 규정한 이유는 축구공의 인 아웃 판정에 대한 논란을 없애기 위해서이다. 축구 경기에서는 공이 조금이라도 라인에 걸려 있으면 아웃이 아니다. 골라인에서도 공이 완전히 넘어가야 골로 인정한다. 축구공 크기의 절반 정도를 선의 두께로 하면 논란이 완전히 해소되기 때문이다. 현재 축구공은 지름이 21~22cm이고 이전에는 10in(25cm) 정도로 갈수록 작아지고 있지만, 축구를 처음 시작한 당시에는 야드(yd) 또는 인치(in) 단위를 사용했기 때문에 5in가 선 두께의 기준이 된 것이다.

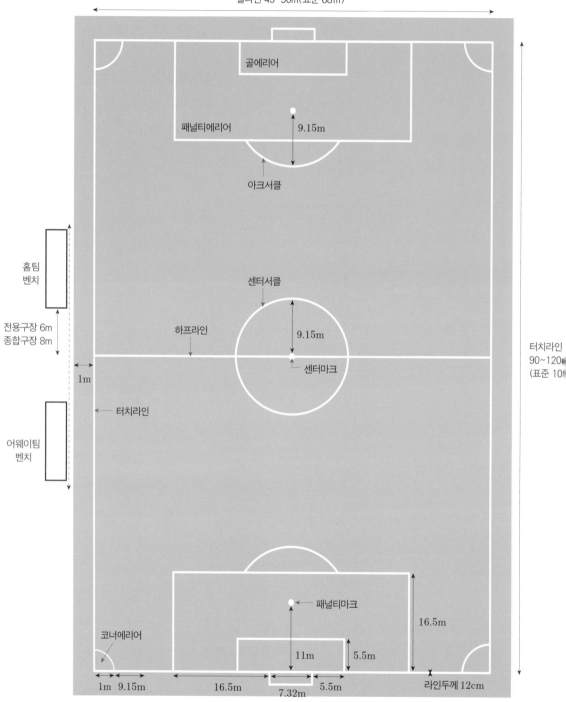

골라인 45~90m(표준 68m)

골에리어

패널티에리어

9.15m

아크서클

홈팀
벤치

전용구장 6m
종합구장 8m

센터서클

1m

9.15m

하프라인

센터마크

터치라인

어웨이팀
벤치

터치라인
90~120
(표준 10

패널티마크

16.5m

코너에리어

11m

5.5m

1m 9.15m

16.5m

5.5m

7.32m

라인두께 12cm

가로 7.32미터, 세로 2.44미터 골대 크기

여기서 잠깐! 그라운드를 이루고 있는 각 영역을 살펴보면 특이하게도 8, 10과 같이 딱 떨어지지 않고 9.15, 7.32, 16.5와 같이 소수가 많다는 것을 알 수 있다. 그 이유는 무엇일까?

그 답은 아주 단순하다. 축구가 영국에서 시작되었기 때문이다. 당시 영국의 도량형은 미터가 아닌 야드^{yard}와 피트^{feet} 등의 단위를 사용했다. 1야드(1yd)는 영국 성인 남자의 평균 보폭을 의미하며 대략 91.438cm이고, 1피트(1ft)는 발 크기를 기준으로 삼았으며 그 길이는 대략 30.48cm이다.

국제축구연맹(FIFA)은 모든 단위를 축구 종주국 영국의 도량형에 근거하여 규정하고 있다. 이에 따라 경기장의 크기는 110~120yd(100~110m), 폭은 70~80yd(64~75m)이며, 골에어리어는 양쪽 골포스트에서 바깥쪽으로 6yd(5.5m), 세로 폭도 6yd로 구성되어 있다. 종종 축구에서 '식스 야드 박스^{six yard box}'로 표현되는 곳은 바로 이 골에어리어를 뜻한다. 이외에도 패널티박스는 18yd(16.5m), 패널티마크는 골라인으로부터 12yd(11m) 떨어진 지점에 표시되어 있다.

그라운드에서 특히 많이 찾아볼 수 있는 9.15m는 영국인들의 표준 걸음거리인 10발자국(10yd)을 기본거리로 삼은 것이다. 10야드가 바로 9.15m이다.

이 9.15m가 적용된 대표적인 곳이 센터서클이다. 반지름의 길이가 9.15m인 센터서클은 경기가 시작되었을 때 첫 번째 킥오프나 골을 넣은 다음 킥오프를 할 때 상대 선수들이 중앙에 놓여 있는 공에서 9.15m 떨어져 있도록 하기 위함이기도 하다. 이곳은 승부차기를 할 때 모든 선수들이 위치해야 하는 곳이기도 하다.

또한 모든 킥을 할 때 상대편 선수가 9.15m 떨어져 있어야만 한다. TV에서 프리킥 장면을 보게 되면 종종 주심이 프리킥을 막는 수비수 벽의 위치를 조정하느라 실랑이를 벌이는 경우가 있다. 이것도 마찬가지로 수비수의 벽이 프리킥

하는 위치로부터 9.15m를 정확히 떨어지도록 하기 위해서다.

왜 9.15m만큼 떨어지도록 했을까? 언뜻 생각하기에는 방어를 하는 상대편이 공격수를 방해하지 않도록 하기 위해서라고 볼 수 있지만, 실제로는 공격수가 찬 공이 수비수에게 맞았을 때 치명적인 부상을 입힐 수 있기 때문에 선수 보호 차원에서 9.15m를 떨어지도록 하는 것이다.

축구 골대의 높이는 2.44m이고 폭은 그 3배인 7.32m이다. 그러니까 축구 골대 가로와 세로의 비율은 정확히 3:1이다. 영국인들은 오랜 경험 끝에 축구 골대의 높이를 8ft로 하는 것이 적당하다고 판단했다. 7ft는 너무 낮고 9ft는 너무 높아 골키퍼가 자신의 키 위로 오는 공을 쉽게 막을 수 없었기 때문이다. 골키퍼는 다른 포지션의 선수보다 키가 커 대부분 6ft(약 183cm)에서 6ft 3in(190.5m)다. 이런 정도의 신장을 가진 골키퍼가 손을 위로 쭉 뻗

으면 닿을까 말까 한 높이가 8ft(약 244cm)였다. 이와 같은 여러 가지 이유로 축구 골대 높이는 8ft로 확정됐는데 8ft가 미터법으로 환산하면 2.44m, 정확히는 243.84cm이다. 축구 골대 좌우 폭이 8yd(24ft)로 정해진 것도 같은 이유에서였다. 7yd로 정할 경우 골키퍼가 좌우로 몸을 날리면 웬만한 킥을 거의 막아낼 수 있다. 9yd로 할 경우에는 폭이 너무 커 대량 실점을 할 가능성이 높았다. 그래서 8yd 즉 7.32m로 정한 것이다.

축구에서 한 팀의 인원은 왜 11명일까?

현대 축구의 기원은 19세기 영국에서 시작되었다고 볼 수 있다. 처음 축구가 시작되었을 당시 영국 사립학교들은 모두 기숙사를 운영하고 있었는데, 이들 방 대부분이 10명씩 학생을 수용하고 있었다. 각 방에는 학생 10명 외에 방장, 또는 사감 역할을 맡은 시니어(Senior)가 있었다. 축구는 이 방 단위로 경기를 했고 시니어는 주로 골키퍼를 맡았다. 이때부터 11명이 한 팀이 되어 경기를 갖게 되었다고 한다.

그후 1863년 영국축구협회가 창설되면서 공식화되었다. 축구의 한 팀 인원이 11명으로 공식화되어 처음 선보인 것은 올림픽 공식 경기로 채택된 1908년 런던 올림픽 대회와 1930년 제1회 우루과이 월드컵 대회에서였다.

축구공의 역사

주경기장을 둘러보고 풋볼 팬타지움으로 들어가면 지난 2002 한일 월드컵의 열기가 고스란히 담겨 있겨 있을 뿐만 아니라 세계 축구 역사를 비롯해 우리나라 축구의 발전상까지 사진과 함께 일목요연하게 정리되어 있는 전시관을 보게 될 것이다. 또 축구화를 비롯하여 역대 월드컵에서 사용된 축구공도 만나볼 수 있다.

축구공은 월드컵 시기에 선수들과 함께 많은 관심을 끄는 것이기도 하다. 오랜 옛날 불규칙한 모양의 돼지 오줌보 공에서 시작된 축구공은 기술발달과 함께 최첨단 신소재로 만든 구 모양까지 나날이 발전을 거듭하고 있다.

월드컵 경기에서는 FIFA가 정한 '공인구'만 사용된다. 공인구는 그 대회에서 사용되는 유일한 공을 의미한다. 공의 모양과 무게에 따라 경기력이 크게 달라질 수 있기 때문에 공평한 경기를 위해 공인구를 정해놓고 경기를 하는 것이다. 실제로 1회 월드컵 결승전에서 우루과이와 아르헨티나가 맞붙었는데, 서로 자

신들이 준비한 공으로 경기를 하자고 해서 전반은 아르헨티나의 공으로, 후반은 우루과이의 공으로 경기를 치렀다. 그리고 신기하게도 전반전에서는 아르헨티나가 2:1로 앞섰지만, 후반전에서는 우루과이가 3골을 더 넣어 4:2로 승리했다.

1960년대까지는 가늘고 긴 가죽으로 된 12조각이나 18조각을 붙여 만든 공이 사용되었다. 그러다 표면의 생김새가 고르고 원에 가까운 형태를 찾으려는 노력 끝에 1970년 멕시코 월드컵 이후 검은색의 정오각형 12조각과 흰색의 정육각형 20조각을 꿰맨 '깎은 정이십면체' 모양이 축구공의 기본형으로 정해졌다. 그래서 32조각의 법칙이라 불리어지기도 한다. 깎은 정이십면체는 정이십면체에서 12개의 꼭짓점 부분을 깎아내 만든 다면체이다.

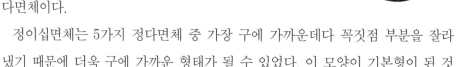

정이십면체는 5가지 정다면체 중 가장 구에 가까운데다 꼭짓점 부분을 잘라 냈기 때문에 더욱 구에 가까운 형태가 될 수 있었다. 이 모양이 기본형이 된 것

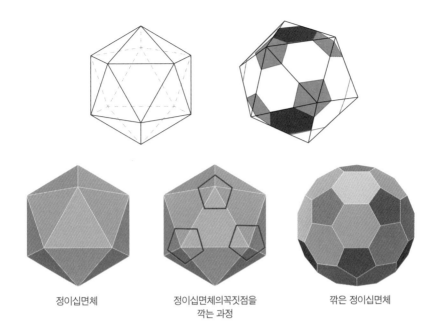

정이십면체　　　　정이십면체의꼭짓점을　　　　깎은 정이십면체
　　　　　　　　　　　깎는 과정

은 최초 개수의 조각을 이용해 최대한 구형에 가까운 공을 만들기 위한 연구 끝에 정해진 것이다. 구에 가까울수록 무게중심이 일정하고 어느 한쪽으로 치우치지 않기 때문에 볼 컨트롤을 정확히 할 수 있다.

그렇다면 비치볼처럼 조각을 나누지 않으면 될 텐데, 굳이 32개의 조각을 붙여 만든 이유는 무엇일까?. 그것은 강한 다리 힘을 이용해 공을 발로 차기 때문에 튼튼해야 하고, 또 너무 잘 튀어 오르면 다양한 기술을 활용할 수 없기 때문에 적절한 무게감이 필요해서이다. 그래서 내부에는 바람을 넣는 고무 부분이 있지만 외부는 튼튼하고 무게감 있는 가죽을 덮었다. 하지만 평평한 가죽을 공에 딱 맞는 형태로 붙이는 것이 매우 어려워 공에 가죽을 덮을 때는 가죽을 적절하게 조각내어 붙일 필요가 있었다.

2002년 한일 월드컵 때까지는 외형 디자인만 바뀌었을 뿐 32조각 축구공이 공인구로 사용되었다. 이 32조각의 법칙이 깨진 것은 2006년 독일 월드컵에서였다. 32개의 조각을 14개의 조각으로 대폭 줄인 것이다. 8개의 프로펠러 모양과 6개의 터빈 모양의 조각을 붙여 만든 '팀가이스트'가 공인구로 사용되었다. 팀가이스트는 특히 선수들에게 환영받았다. 32조각의 축구공은 3개의 조각이 만나는 이음새(스리 패널 터치 포인트)가 60개인 반면 팀가이스트는 24개로서 60%가 줄어들어 그만큼 불규칙성이 줄어들게 되었으며 보다 원에 가까운 모양으로 인해 선수들이 공을 보다 잘 컨트롤할 수 있게 되었기 때문이다.

2010년 남아프리카 공화국에서 열린 월드컵에서는 8개의 곡선 모양 조각을 붙여 만든 자블라니가 공인구로 사용되었다. 팀가이스트에 비해 조각의 수가 줄어들긴 했지만, 공인구 테스트 결과 구형성에는 거의 차이가 없었다고 한다. 2014 브라질 월드컵에서는 6개의 폴리우레탄 조각으로 만든 브라주카가 공인구의 주인공이 되었다. 브라주카는 포르투갈어로 '브라질 사람'을 뜻한다. 무게가 437g에 불과한 브라주카 표면의 구불구불한 무늬는 브라질의 아마존강을 형상화한 것이다. 조각의 테두리를 따라 배치된 오렌지, 초록, 파랑 등의 색상이 나타내는 색채감도 브라질 사람들의 열정만큼이나 풍부했다.

| 팀가이스트 | 자블라니 | 브라주카 |

이렇게 축구공 표면에 붙이는 조각 수를 줄이는 이유는 뭘까? 조각 수가 줄어들수록 공의 모양이 완전한 구형에 가까워지고 이음새도 줄어들어서 공의 불규칙성이 줄어들기 때문이다. 이것은 이전의 다른 공들보다 빠르고 정확하게 날아

가 골인이 될 확률이 높아진다는 것을 뜻하기도 한다.

6개의 바람개비 조각작품 브라주카

여기서 잠시 브라주카를 자세히 살펴보자. 브라주카는 한 가지 종류의 바람개비 조각을 빈틈없이 붙여 만든 것이다. 합동인 도형으로 평면을 빈틈없이 채우는 '테셀레이션(쪽매맞춤)'이라고 한다. 마찬가지로 평면이 아닌 구면을 합동인 도형으로 서로 겹치지 않고 빈틈없이 채우는 것을 '구테셀레이션'이라고 한다. 32조각 축구공은 정오각형과 정육각형의 두 종류의 정다각형으로 구면을 빈틈없이 채워 부풀린 것이지만, 브라주카는 한 종류의 바람개비 조각만으로 구면을 빈틈없이 채운 구테셀레이션을 바탕으로 디자인된 것이다. 이때 3개의 조각이 만나는 이음새는 팀가이스트 이음새의 $\frac{1}{3}$에 불과한 8개로, 이음새로 인해 발생할 수 있는 불규칙성을 보다 더 줄일 수 있게 되었다.

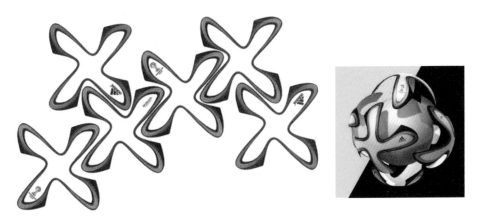

브라질에서 열리는 2014년 FIFA 월드컵의 공인구, 아디다스에서 제작한 축구공, FIFA 월드컵의 공인구로는 최초로 축구팬들의 공모를 통해 명명된 공인구이다.

6개의 조각과 8개의 이음새로 이루어진 브라주카의 구테셀레이션 디자인에는 쌍대다면체의 원리가 숨겨져 있다. 한 다면체에 대하여 각 면의 중심을 꼭짓점으로 하는 새로운 다면체를 그 다면체의 쌍대다면체라고 한다. 즉 정다면체 A와 B가 쌍대다면체일 때, A의 면의 수와 B의 꼭짓점의 수가 같으며, A의 꼭짓점의 수와 B의 면의 수가 서로 같다. 따라서 아래 표에서 알 수 있듯이 정사면체와 정사면체, 정육면체와 정팔면체, 정십이면체와 정이십면체는 서로 상대방의 쌍대다면체이다.

	정사면체	정육면체	정팔면체	정십이면체	정이십면체
꼭짓점의 개수	4	8	6	20	12
면의 개수	4	6	8	12	20

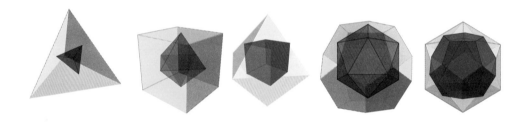

브라주카는 아래 그림의 쌍대다면체 원리를 활용하여 면의 개수를 최소화시킨 것이라 할 수 있다. 정육면체 내부에 위치한 정팔면체의 꼭짓점 부분에 면에 해당하는 6개의 조각을 배치시키고, 정팔면체의 면 부분에 8개의 이음새를 배치시키는 구조로 디자인하여 전체 조각의 개수와 이음새의 개수가 정육면체의 것과 일치되도록 만든 것이다.

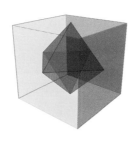 

 이런 원리에 따라 직접 공에 구테셀레이션 디자인을 함으로써 브라주카를 만들 수도 있다.

	공표면에 실을 이용하여 3개의 대원을 그린다.
	둥근 삼각형의 각 변의 중점과 꼭짓점을 잇는 3개의 점선을 그어 삼각형의 중심을 찾는다.
	삼각형의 중심과 변의 중점까지의 거리를 반지름으로 하는 원을 그린다.
	원과 삼각형의 꼭짓점을 잇는 점선 거리의 $\frac{1}{3}$ 지점이 바람개비 날개 끝이 되도록 바람개비 무늬를 그린다.
	나머지 7개의 면에 대해서도 같은 방법으로 바람개비 무늬를 그리고 자신의 원하는 색을 사용하여 브라주카를 완성한다.

다음 월드컵에서는 어떤 형태의 공이 공인구의 주인공이 될지 궁금하지 않을 수 없다.

월드컵 본선 진출이 32개국에서 48개국으로 늘어나면?

2026년부터는 월드컵 문호가 훨씬 넓어진다. 1998년 프랑스 대회부터 도입된 본선 출전 32개국 체제가 무너지고, 48개국 시대가 열리는 것이다.

2017년 1월 현재 국제축구연맹(FIFA) 회원국은 211개국으로 현재의 월드컵은 대륙별 예선을 거쳐 15%인 32개국만이 꿈의 무대를 누빌 수 있다. 그중에서도 대륙별 출전 쿼터에 따르면 월드컵 티켓은 유럽에 편중되어 있다.

FIFA 회원국 수		대륙별 본선 출전 쿼터(장)
아시아 축구연맹	46	4.5
유럽 축구연맹	55	13
아프리카 축구연맹	54	5
북중미 카리브해 축구연맹	35	3.5
오세아니아 축구연맹	11	0.5
남미 축구연맹	10	4.5
합계	211	개최국 1장

(2017년 1월)

그런데 본선출전 48개국 시대가 열리면 회원국의 23%가 월드컵 무대에 설 수 있는 큰 변화가 생길 것이다. 이것은 회원국 수에 비해 월드컵 티켓이 적은 아시아와 아프리카 국가들의 귀를 솔깃하게 하는 제안이 아닐 수 없다. 한국 축구 또한 더욱 손쉽게 월드컵 무대에 진출할 것으로 예상된다.

2026년, 미래의 월드컵 그림이 과연 어떻게 바뀔지 구체적으로 알아보자.

32개국 체제에선 4개국 1조로 편성된 8개의 조가 조별리그를 통해 각 조 1, 2위가 16강에 진출하고, 16강부터는 토너먼트 방식으로 8강, 4강 결승 진출국을 가린다. 하지만 48개국으로 늘어나면 3개국씩 16개조로 나뉘어 조별 리그를 치를 것으로 전망되며 각 조 1, 2위가 32강에 오르고, 32강부터 토너먼트 방식으로 16강, 8강, 4강, 결승 진출국을 가리게 될 것이다. 전체 게임 수가 늘어나 결승까지 진출하는 국가의 선수는 극심한 피로에 시달릴 수도 있다.

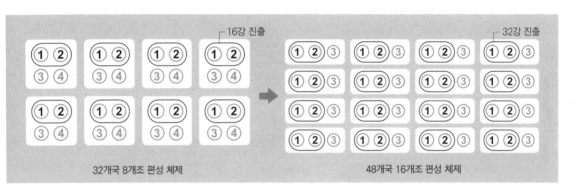

먼저 본선 출전국이 32개국 체제일 때를 알아보자. 4개국 1조로 편성된 8개조는 리그전을 통해 16강 진출국을 결정해야 한다. 리그전은 대회에 참가한 모든 팀이 각각 돌아가면서 한 차례씩 대전하여 그 성적에 따라 순위를 가리는 경기 방식이다. 예를 들어 4개국 P, Q, R, S가 같은 조에 편성되어 있을 때 치루는 경기는 다음과 같다.

그렇다면 치러야 할 총 경기 수는 어떻게 달라질까?

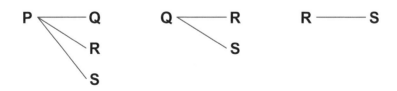

이때 두 국가 P, Q가 경기를 치를 때 P−Q경기와 Q−P경기는 같은 것이므로 순서를 생각할 필요가 없기 때문에 4개국이 각각 돌아가면서 한 차례씩 대전하는 경기수는 4개국 중 2개 국가를 선택하는 조합의 수와 같다. 즉 $_4C_2 = \frac{4 \times 3}{2} = 6$번의 경기를 치러야 한다.

이에 따라 본전 출전 48개국으로 확대될 경우, 3개국 1조의 16개조가 32강 진출을 위해 리그전을 치르려면 각 조당 $_3C_2 = \frac{3 \times 2}{2} = 3$번의 경기를 하므로 모두 3(경기)×16(조)=48번의 경기를 해야 한다.

리그전에서는 같은 조에 편성된 팀에게 시합할 기회가 평등하게 주어져 가장 성적이 좋은 팀이 1위를 할 가능성이 높다는 장점이 있는 대신, 팀 수가 많을 경우 순위를 결정하기까지 시간이 걸리고 동률이 나올 가능성이 많기 때문에 승률에서의 우선순위 기준을 미리 규정해 놓아야 하는 단점이 있다.

본선 출전 32개국 체제에서는 16강 진출국이 결정되면 토너먼트를 통해 8강 진출국을 가리게 된다. 토너먼트전은 추첨에 의해 확정된 대진표에 따라 치러진 경기 결과에 의해 탈락 여부가 결정되고, 최후에 남는 두 편으로 우승을 가리는 경기 진행방식이다. 한마디로 단판승부 방식인 셈이다.

토너먼트 전에서는 한 경기만 놓치더라도 대전에서 탈락하기 때문에 매 경기에 최선을 다해야 한다. 16강에서의 경기 수는 8경기, 8강에서는 4경기, 4강에서는 2경기, 결승전에서는 1경기, 즉 모두 8+4+2+1=15(=16−1)경기를 치른다. 따라서 토너먼트 전에서 경기 수는 참가팀 수 16에서 1을 뺀 수와 같다. 여기에서 3, 4위전 경기를 하게 되면 1경기가 추가되므로 모두 16경기가 된다.

이에 따라 본선 출전국 48개국 체제에서 32강 진출국이 결정되면 토너먼트를 통해 최종 우승팀과 3, 4위 팀을 결정하기 위해서는 모두 $(16+8+4+2+1)+1$ $=32$경기를 치러야 한다.

따라서 본선 출전국이 32개국에서 48개국으로 늘어나면 리그전에서 48경기, 토너먼트전에서 모두 32경기를 하게 되어 모두 80경기를 치르게 된다.

	32개국 (2018 러시아 월드컵 기준)		48개국 (2026년 월드컵부터 적용)
리그전 수	6(경기)×8(조)=48(경기)	⇨	3(경기)×16(조)=48(경기)
토너먼트전 수	$(8+4+2+1)+1=16$(경기)	⇨	$(16+8+4+2+1)+1=32$(경기)
총 경기수	64경기	⇨	80경기

월드컵은 축구라는 단 한 종목만으로 나라 간의 대결을 펼치지만 올림픽과 비견될 정도로 많은 주목을 받고 있다. 그것은 축구라는 종목이 그만큼 인종, 종교, 민족을 떠나 많은 사람들이 공감할 수 있는 특징을 가지고 있기 때문일 것이다. 물론 정

2018년 러시아 월드컵

확한 규칙과 규격 등을 지키려면 많은 준비와 비용이 필요하겠지만, 축구는 경기할 넓은 공간이 있다면 축구공만 가지고도 충분히 즐길 수 있다는 큰 장점 때문이 아닐까 싶다.

참고문헌

강우방, 《한국 미의 재발견-탑》 솔출판사, 2003

유홍준, 《유홍준의 한국 미술사 강의 1》 눌와출판사, 2010

유홍준, 《나의 문화유산답사기 3》 창비, 2011

유홍준, 《나의 문화유산답사기 6》 창비, 2011

서현, 《배흘림기둥의 고백》 효형출판, 2012

김한섭, 〈한국 월드컵 경기장 특성 분석 연구〉 한양대학교 산업대학원, 2002

김도경, 《지혜로 지은 집, 한국건축》 현암사, 2011

오현진, 〈조선시대 궁궐 정전일곽의 공간비례와 구성기법에 관한 연구〉 홍익대학교 대학원, 2005

리영순, 《동물과 수로 본 우리 문화의 상징 세계》 도서출판 훈민, 2006

김시형, 《월드컵 경기장의 스물 두 가지 이야기》 현대건축사, 2002

〈역사스페셜(143회) : 수원화성은 18세기 최첨단 전투요새였다〉 2002

이미지 저작권

이미지를 제공하여 주신 모든 분께 감사드립니다.

모든 이미지의 저작권은 정확히 표현하려 노력했지만 혹시 부족한 부분이 있을지도 모릅니다. 발견 시 수정할 예정이며 저작권 표시가 되지 않은 이미지는 퍼블릭이거나 라이센스 업체의 이미지임을 알려드립니다.